电力调度自动化培训教材

BIANDIANZHAN ZIDONGHUA XITONG
YUANLI JI YINGYONG

变电站自动化系统
原理及应用

范 斗　张玉珠　主　编

李建功　黄　凯　张江南　副主编

中国电力出版社

CHINA ELECTRIC POWER PRESS

内 容 提 要

为了便于电网调度自动化人员系统学习和掌握调度自动化系统的应用和运维技能，国网河南省电力公司组织编写了《电力调度自动化培训教材》系列丛书。本书为《变电站自动化系统原理及应用》分册，从传统变电站和智能变电站两种类型的自动化设备，详细讲解了变电站自动化系统的体系架构和使用与维护技能，并介绍了涉及自动化运维的相关专业知识，以及部分最新自动化设备在变电站的发展应用情况。

本书可作为电网调度自动化人员培训教材、实际操作的作业指导书和相关设备的技术手册，也可作为广大电力系统工作人员参考用书。

图书在版编目（CIP）数据

变电站自动化系统原理及应用 / 范斗，张玉珠主编 . —北京：中国电力出版社，2020.12（2024.11重印）
电力调度自动化培训教材
ISBN 978-7-5198-4919-1

Ⅰ．①变… Ⅱ．①范… ②张… Ⅲ．①变电所－自动化系统－技术培训－教材 Ⅳ．① TM63

中国版本图书馆 CIP 数据核字（2020）第 163180 号

出版发行：中国电力出版社
地　　址：北京市东城区北京站西街 19 号（邮政编码 100005）
网　　址：http://www.cepp.sgcc.com.cn
责任编辑：陈　倩（010-63412512）
责任校对：黄　蓓　马　宁
装帧设计：郝晓燕
责任印制：石　雷

印　　刷：北京天宇星印刷厂
版　　次：2020 年 12 月第一版
印　　次：2024 年 11 月北京第二次印刷
开　　本：787 毫米 ×1092 毫米　16 开本
印　　张：13.75
字　　数：288 千字
印　　数：2001—2500 册
定　　价：66.00 元

前 言

电力生产在国民经济和社会生活中占据重要的地位，电网调度自动化系统是支撑电网安全、稳定运行的重要技术手段。随着国家经济的快速发展，电力需求逐年提高，发电侧新能源快速发展、电网侧特高压交直流混联运行、负荷侧电力需求快速增长等现实情况，都对电力系统的安全、经济、稳定供电提出了更高的要求。为了满足这一要求，进一步提高自动化运维人员对电网调度自动化系统的认知与了解，加强自动化设备实操技能，提升电网调度的智能化、自动化、实用化技术水平，国网河南省电力公司结合生产实践和应用需求，组织编写了《电力调度自动化培训教材》系列丛书。

本系列丛书分为4个分册，分别为《调度自动化主站系统及辅助环境》《电力调度数据网及二次安全防护》《变电站自动化系统原理及应用》《调度自动化系统（设备）典型案例分析》。

本书为《变电站自动化系统原理及应用》分册，主要介绍变电站综合自动化系统，涵盖传统变电站、智能变电站两种体系结构，涉及综合自动化系统的后台、远动、测控、智能终端、合并单元等主要设备，包括相关辅助环境，如网络、通信和电源等。此外，通过结合变电站生产实际各自动化系统（设备）运行维护工作，基于各系统体系结构和理论知识，通过深入浅出分析实际工作案例，进一步提出工作流程和工作方法，最终总结提炼相关运行经验和工作指导建议。

本书可以指导现场人员实际操作，规范调试范围、调试内容和测试过程，提高现场调试效率以及快速准确排除设备安全隐患。本书适用于厂站端的调度自动化现场工作人员，可为其实际操作提供作业指导，也可作为新进员工的培训教材以及调度自动化系统的技术手册。还可应用于110(66)～750kV电压等级变电站建设、改造工程的调试工作，其中已给出的典型设备及系统可参照补充具体变电站及间隔名称后，形成具体工程的作业指导书及调试报告，可作为变电站的运行维护与故障检修以及自动化现场运维人员的技能培训教材。

由于编者水平有限，书中难免存在不足之处，欢迎读者批评指正。

编者

2020 年 9 月

目 录

第3篇　智能变电站自动化系统

第4篇　其他技术发展

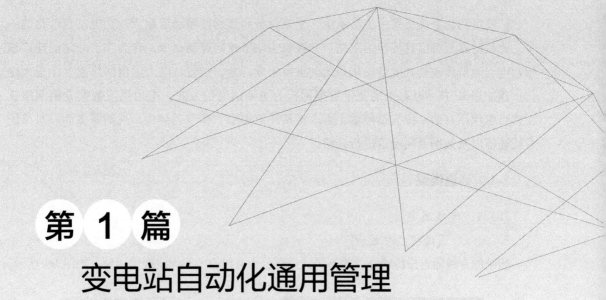

第 **1** 篇
变电站自动化通用管理

　　本篇主要讲述变电站自动化相关的通用部分，主要有与调度端通信、UPS设备电源等。

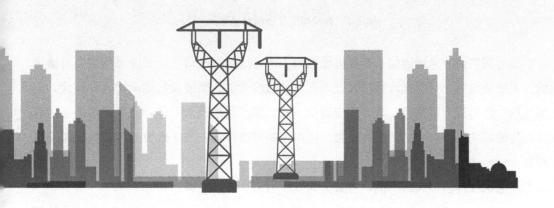

第1章 变电站与调度端通信

调度自动化系统主要由主站系统、子站设备和数据传输通道组成。变电站自动化的一个主要目的就是将信息传输给主站，并接收主站下发的控制命令。作为主、分站的连接纽带，电力通信传输是调度自动化系统的重要组成部分。当前，电力通信网络发生了很大变化，建立在 IP 技术基础上的宽带数据网成为主要的通信方式。电力调度数据专用网络正在逐步取代原有的专线信道传输。本章将从通道类型、特点、结构、规约等方面，对传统专线通信以及数据专网通信进行介绍。

1.1 通道类型

1.1.1 专线通道

1.1.1.1 通道种类的划分

传统的专线通道按传输介质的不同，主要分为有线通信和无线通信两种，如图 1-1 所示。

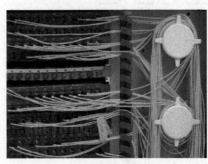 

(a) 光纤通信　　　　(b) 无线通信

图 1-1　有线与无线通信对比图

有线通信主要有光纤通信、音频电缆通信、电力线载波通信等。无线通信主要有微波通信、卫星通信等。目前光纤通信大范围普及，载波通信、微波通信逐渐被光纤取代，但在偏远的山区仍有卫星通信、电力载波通信方式。相比其他通信方式，光纤通信的通信容量大，传输距离远，信号抗干扰能力强。但由于是有线传输，施工敷设难度较大，实施成本较高。

专线通道按传输方式的不同，主要分为数字通道和模拟通道。

模拟与数字通道波形图如图 1-2 所示。模拟信号是指用连续变化的物理量表示的信息，其信号的幅度、频率、相位随时间做连续变化，通常为正弦波形。而数字信号指幅度的取值是离散的，幅值表示被限制在有限个数值之内，通常为二进制方波。数字传输相比模拟传输，抗干扰能力强，能进行远距离传输；但模拟传输更容易实施，设备成本低。

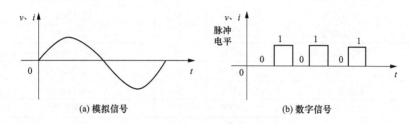

图 1-2　模拟与数字通道波形图

1.1.1.2　通道结构

通道结构图如图 1-3 所示，按变电站到主站的流程方向进行介绍。

（1）变电站端：变电站远动装置通过通信接口，一般为 RS232 串口接口，个别也有 RS/422 串口接口，传输到 MODEM（模拟通道）或直接到通道防雷器（数字通道），再经通信端子排、PCM、光端机到光纤。

（2）主站端：光纤到光端机、PCM、通信端子排到远动通信柜、通道防雷器再到模拟通信板（MODEM）或数字通信板，再通过 CHASE 通信设备将专线信号转为网络信号进交换机，再到主站前置机。

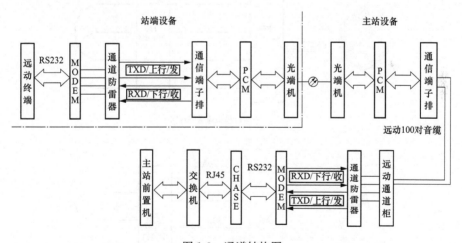

图 1-3　通道结构图

1.1.1.3　通道接口与特点

（1）采用四线制模拟通道，两根上行、两根下行。有数据传输时，两根之间的信号电平一般在交流 300～800mV。

（2）采用 RS232 三线制数字通道，其分别代表收、发、地。负逻辑电平，−12～−5V 为高电平，即为"1"；+5～+12V 为低电平，即为"0"。传输距离短，不能超过 15m。接口类型一般有 9 针和 25 针串口两种类型，如表 1-1 所示。

表 1-1 9 针和 25 针串口说明

9 针串口（DB9）			25 针串口（DB25）		
针号	功能说明	缩写	针号	功能说明	缩写
1	数据载波检测	DCD	8	数据载波检测	DCD
2	接收数据	RXD	3	接收数据	RXD
3	发送数据	TXD	2	发送数据	TXD
4	数据终端准备	DTR	20	数据终端准备	DTR
5	信号地	GND	7	信号地	GND
6	数据准备好	DSR	6	数据准备好	DSR
7	请求发送	RTS	4	请求发送	RTS
8	清除发送	CTS	5	清除发送	CTS
9	振铃指示	DELL	22	振铃指示	DELL

注 9 针的主要用 2，3，5 三根表示收、发、地；25 针的主要用 2，3，7 三根表示收、发、地。

1.1.1.4 通道故障排查

整个通道回路涉及自动化、通信设备节点很多，主、分站的前置机与远动装置都可能设置错误，因此通信故障时的首要工作是缩小故障范围，逐步查找故障点。主要步骤如下：

（1）在主站或分站终端环起通道，在对端看收、发报文是否一致，以确定通道是否正常。环回的方式如图 1-4 所示。

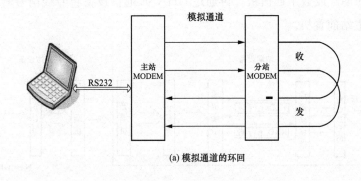

(a) 模拟通道的环回

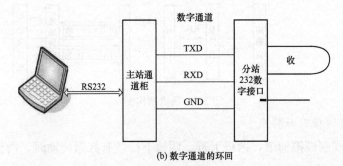

(b) 数字通道的环回

图 1-4 通道的环回

（2）如通道不通，进一步缩小范围，环起通道线，以查找出故障接点或设备。

（3）如通道通，自动化人员检查主、分站通信设置。

1）两端 MODEM 板、数字板设置是否正确。

2）数据库通道相关设置如地址、波特率、频偏、数据位、停止位等是否正确。

3）两端规约是否一致。

4）远动装置、通信板件硬件是否损坏。

5）重启远动装置、通信板件，以确定是否死机引起故障。

1.1.2　网络通道

1.1.2.1　数据专网结构

调度数据专网分为骨干网和各级调度接入网两部分，骨干网用于数据的传输和交换，接入网用于各厂站接入。骨干网采用双平面架构模式，分别由国调、分调、省调和地调节点组成。接入网由各级调度接入网（即国调接入网、分调接入网、省调接入网和地调接入网）组成，其中各级调度接入网又分别通过两点接入骨干网双平面。

220kV 及以上厂站端（包括 500kV 和 220kV 变电站）按双机配置，分别接入不同的接入网中，即国调厂站接入国调接入网和分调接入网，分调直调厂站接入分调接入网和省调接入网，省调直调厂站接入省调接入网和地调接入网。

110kV 及以下厂站端（包括 110kV 和 35kV 变电站）主要指地调和县调调度的厂站，按双或单机配置，按地域接入地调接入网中。地调接入网完成双网建设的双机接入，未完成的变电站按单机接入，即以"一专一网"的方式实现双通道。

应用系统划分到安全Ⅰ区、安全Ⅱ区，当网络建设成功后，通过 VPN 接入到骨干网和接入网中，并为实时和非实时的业务在全网中传递的时候设置不同的服务标签，给予实时的业务最优的处理。

网络整体架构方式如图 1-5 所示。

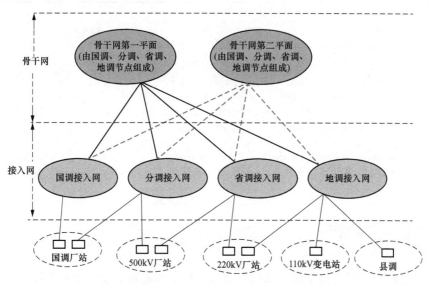

图 1-5　调度数据专网整体架构

1.1.2.2 接入网

1.1.2.2.1 总体结构

根据调度数据网双平面总体技术方案，各级调度直调厂站组成相应接入网，按调度机构划分为国调接入网、分调接入网、省调接入网和地调接入网，其中县（区）调纳入地调接入网，各接入网相对独立。各级接入网分别连接至各级骨干网双平面相应节点。分调、省调接入网为单网双上联配置，地调接入网为双网配置。

一般来说，各电压等级变电站均为双网配置：

(1) 500kV变电站：分调接入网、省调接入网。

(2) 200kV变电站：省调接入网、地调接入网。

(3) 110、35kV变电站：双地调接入网。

根据网络规模和传输链路实际情况，接入网内部采用三层网络结构：核心层、汇聚层、接入层，汇聚节点设在通信传输骨干网上的枢纽节点。核心层为网络业务的交汇中心，通常情况下核心层只完成数据交换功能；汇聚层位于核心层和接入层之间，主要完成业务的汇聚和分发；接入层主要将用户业务接入网络，实现质量保证和访问控制。具体如图1-6所示。

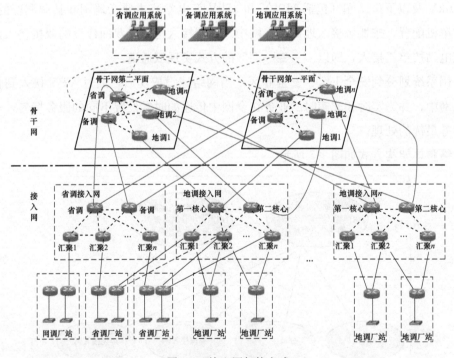

图1-6 接入网架构方式

1.1.2.2.2 厂站端接入

1. 网络接入方式

根据国家电网有限公司要求，220kV及以上厂站端配置2套调度专网设备（每套专网设备为1台路由器、2台交换机），分别通过2M E1线路上联至两个不同的接入网。即

500kV 厂站通过 2M 上联分调接入网和省调接入网；220kV 厂站通过 2M 上联省调接入网和地调接入网；110kV 厂站配置 1 套调度专网设备（每套专网设备为 1 台路由器、1 台交换机），通过 2M 上联地调接入网。

地调接入网中，地调直调厂站通过 1×2M 分别就近接入两个不同的汇聚层枢纽变电站。

厂站接入的拓扑图如图 1-7 所示。

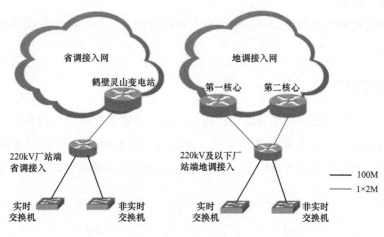

图 1-7　厂站接入方式

2. 业务接入方式

厂站通过配置的业务交换机实现接入，每个接入网均配置有 2 台交换机，分别作为实时和非实时应用接入使用，交换机通过百兆连接至变电站接入路由器。

1.1.2.3　虚拟子网（VPN）划分

按照电力监控系统安全防护要求，调度数据网作为专用网络，与管理信息网络实现物理隔离。调度数据网部署 MPLS/VPN，划为实时 VPN 和非实时 VPN，并分别承担安全Ⅰ区和安全Ⅱ区的业务。

（1）安全Ⅰ区业务：厂站自动化监控系统、保护与自动控制、AGC/AVC、PMU 等。

（2）安全Ⅱ区业务：保护故障信息、电量计费、功率预测等。

1.1.2.4　故障处理

调度数据网的网络故障问题一般可以分为三类：

（1）通信通道故障。通信光缆、传输设备故障，以及传输设备与调度数据网设备的连接线缆损坏或松动而引起调度数据网中断。

（2）网络设备硬件故障或失电。主要指路由器、交换机等设备由于自身硬件损坏或外部电源丢失导致的网络中断。

（3）配置错误。设备的正常运行离不开软件的正确配置。如果软件配置错误，也可能导致网络中断。

故障的处理流程如下：

（1）故障现场观察。确定故障现象，发生的时间、地点，导致的后果，分析可能产生这些现象的根源。

（2）故障排查，确定故障范围。使用 ping、display 等命令工具对网络现状进行故障排查，从而确定故障范围，具体到某一段的线缆和设备，必要时可将线缆进行短接环回。

（3）对每一原因实施排错方案。对每个可能原因逐步排除，一旦验证无效，恢复后再进行下一个原因排查。

（4）处理的过程中要与主站端网络值班人员进行沟通，每一项工作应得到值班人员允许后方可进行。

1.2　通信规约

上节讲述了专线通道与网络通道的结构与特点，而通道最终的目的是要传输信息与数据，数据内容的规矩和格式就是通信规约。通信规约是启动和维持通信所必需的严格约定，即必须有一套关于信息传输顺序、信息格式和信息内容等的约定。图 1-8 所示规约中对应语言中的语法、语义、语序。

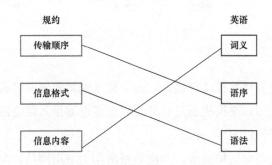

图 1-8　通信规约的语法、语义、语序

变电站与调度端通信，最常用的规约有三种——循环远动传送方式及其扩展版（简称 CDT 与 DISA），IEC 60870-5-101 基本远动任务配套标准（简称 101 规约），IEC 60870-5-104 采用标准传输协议子集的 IEC 60870-5-101 网络访问（简称 104 规约）。其中 104 规约属于网络规约，CDT 与 101 规约属于专线通道的规约；CDT 属于循环式规约，101 规约和 104 规约属于问答式规约。

循环式规约与问答式规约的对比如表 1-2 所示。

表 1-2　　　　　　　　　循环式规约与问答式规约的对比

类别	循环式规约	问答式规约
传输方式	循环传送	数据变化传送
主站端	被动接受	主动询问
传输容量	少	多

类别	循环式规约	问答式规约
传输通道	全/半双工、点对点、占用率高	全/半双工、点对点、环形、占用率低
传输速度	慢	快
实时性	较差	好
对通道要求	较低	很高

如表 1-2 所示，问答式规约相比循环式规约有着多种优点，但循环式规约也有着一项关键优势，那就是对通道质量要求低。因此，循环式规约多用于通道质量较差、设备运行时间较长、信号干扰较多的变电站。

1.2.1　CDT 与 DISA

CDT 是 Cycle Distance Transmission 的缩写，意为循环远动传送方式。这种传输方式之所以被称之为循环式远动规约，是因为它使用于点对点的远动通道结构，其主要特点是以厂站端为主动方，循环不断地向调度端发送遥测、遥信等数据，它要求发送端与接收端始终保持严格的同步。

DISA 是 CDT 规约的扩展版，主要作用是扩充 CDT 规约有限的遥信与遥测量的个数。遥信从 512 个增加至 8192 个，遥测从 256 个增加至 1536 个。

1.2.1.1　数据帧结构

数据帧结构如图 1-9 所示，一个数据帧由一个同步字、一个控制字、多个信息字组成。

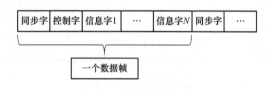

图 1-9　数据帧结构

一个同步字、控制字、信息字均由 6 个字节组成，字节间与字节内的位均为先低位后高位，如图 1-10 所示。

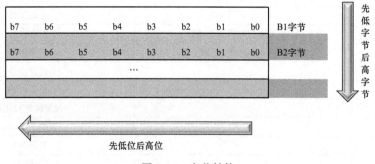

图 1-10　字节结构

1. 同步字

由 3 个 EB 90 组成，如表 1-3 所示。

表 1-3　　　　　　　　　　　　同 步 字 排 列 格 式

EBH (11101011B)	B1 字节
90H (10010000B)	B2 字节
EBH (11101011B)	B3 字节
90H (10010000B)	B4 字节
EBH (11101011B)	B5 字节
90H (10010000B)	B6 字节

2. 控制字

控制字结构如表 1-4 所示，控制字节一般为固定值"71"；帧类别确定信息类型是遥信、遥测、遥控还是 SOE、电度等；信息字数即该数据帧包含的信息字个数。源站址和目的站址确定信息的上、下行流向，源站址是主站、目的站址是分站是下行信息，反之是上行信息。其中帧类别的代码是需要重点记忆的，如表 1-5 所示。

表 1-4　　　　　　　　　　　　控 制 字 结 构

控制字节	B1 字节
帧类别	B2 字节
信息字数	B3 字节
源站址	B4 字节
目的站址	B5 字节
校验码	B6 字节

表 1-5　　　　　　　　　　　　帧 类 别 的 代 码 定 义

帧类别代码	定义	
	上行 E＝0	下行 E＝0
61H	重要遥测（A 帧）	遥控选择
C2H	次要遥测（B 帧）	遥控执行
B3H	一般遥测（C 帧）	遥控撤销
F4H	遥信状态（D_1 帧）	升降选择
85H	电能脉冲记数值（D_2 帧）	升降执行
26H	事件顺序记录（E 帧）	升降撤销
57H		设定命令
7AH		设置时钟
0BH		设置时钟校正值
4CH		召唤子站时钟
3DH		复归命令
9EH		广播命令

3. 信息字

第一个字节表示功能码，最后一个字节为校验码，中间 4 个字节为信息内容。信息字通用格式见表 1-6。

表 1-6　　　　　　　　　　　　　　　信 息 字 通 用 格 式

功能码	B_n 字节
b7……b1	B_n+1 字节
b7……b1	B_n+2 字节
b7……b1	B_n+3 字节
b7……b1	B_n+4 字节
校验码	B_n+5 字节

其中功能码类别是需要重点记忆的，如表 1-7 所示。

表 1-7　　　　　　　　　　　　　　　功 能 码 类 别

功能码代码	字数	用途	信息位数	容量
00H～7FH	128	遥测	16	256
80H～81H	6	事项顺序记录	64	4096
84H～85H	2	子站时钟返送	64	1
86H～89H	4	总加遥测	16	8
8AH	1	频率	16	2
8BH	1	复归命令（下行）	16	16
8CH	1	广播命令（下行）	16	16
A0H～DFH	64	电能脉冲计数值	32	64
E0H	1	遥控选择（下行）	32	256
E1H	1	遥控返校	32	256
E2H	1	遥控执行（下行）	32	256
E3H	1	遥控撤销（下行）	32	256
E4H	1	遥控选择（下行）	32	256
E5H	1	升降返校	32	256
E6H	1	升降执行（下行）	32	256
E7H	1	升降撤销（下行）	32	256
E8H	1	设置命令（下行）	32	256
ECH	1	子站状态信息	8	1
EDH	1	设置时钟校正值（下行）	32	1
EEH～EFH	2	设置时钟（下行）	64	1
F0H～FFH	16	遥信	32	512

一个信息字内，两个字节表示一个遥测，即共有两个遥测；一个信息字内，4 个信息字节中的每一位表示一个遥信，共有 32 个遥信。具体遥信、遥测、遥控信息字报文的详细解析，请看相关规约，本书不再详述。

1.2.1.2　数据帧传输方式

数据帧传输方式主要分为三种：固定循环、帧插入、信息字随机插入。

（1）固定循环：主要用于正常遥信、遥测的信息上送。

（2）帧插入：主要用于 E 帧，即 SOE 信息的上送。

（3）信息字随机插入：对时的子站时钟返回信息、变位遥信、遥控、升降命令的返校信息可随机插入传送。

1.2.1.3　信息传输的优先级

（1）变位遥信、子站工作状态变化信息插入传送，要求在 1s 内送到。

（2）遥控、升降命令的返送校核信息插入传送。

（3）对时的子站时钟返回信息插入传送。

（4）重要遥测安排在 A 帧传送，循环时间不大于 3s。

（5）次要遥测安排在 B 帧传送，循环时间一般不大于 6s。

（6）一般遥测安排在 C 帧传送，循环时间一般不大于 20s。

（7）遥信状态信息，包括子站工作状态信息，安排在 D_1 帧定时传送。

（8）电能脉冲计数值安排在 D_2 帧定时传送，D 帧传送的遥信状态、电能脉冲计数值是慢变化量，以分钟级别循环传送。

（9）事件顺序记录（简称 SOE）安排在 E 帧以帧插入方式传送，E 帧传送的 SOE 是随机量，同一 SOE 应分别在 3 个 E 帧内重复传送。

1.2.2　IEC 60870-5-101

101 规约是国际电工委员会（IEC）制定的《远动设备及系统　第 5-101 部分：传输规约　基本远动任务配套标准》，对应 DL/T 634.5101－2002《远动设备及系统　第 5-101 部分：传输规约　基本远动任务配套标准》。

1.2.2.1　帧格式

101 规约主要分为固定帧长、可变帧长、单个字符三种格式。

1. 固定帧长

报文长度固定为 5 个字节，通常用于链路服务、请求用户数据。主要包括请求链路状态，链路服务，请求 1、2 级数据等。固定帧长的格式如表 1-8 所示。

表 1-8　　　　　　　　　　　固 定 帧 长 的 格 式

启动字符（10H）
控制域
链路地址
校验码
结束字符（16H）

其中启动字符、结束字符为规定值"10""16"，校验码也不用分析，链路地址即分站地址，重点要说一下控制域字节，如表 1-9 所示。

表 1-9 控 制 域 字 节

分类	D_7	D_6	D_5	D_4	$D_0 \sim D_3$
下行	RES	PRM	FCB	FCV	功能码
上行	RES	PRM	ACD	DFC	功能码

（1）下行：

1）RES：备用，一般为 0。

2）PRM：启动报文位。PRM＝0 表示是由从动（响应）站向启动站传输报文，即上行报文；PRM＝1 表示是由启动站向从动站传输报文，即下行报文。

3）FCB：帧计数位。帧计数位 0 或 1，是每个站连续的发送/确认或者请求/响应服务的变化位。帧计数位用来消除信息传输的丢失和重复。启动站向同一从动站传输新一轮的发送/确认或请求/响应传输服务时，将帧计数位（FCB）取相反值，启动站为每一个从动站保留一个 FCB 的拷贝，若超时未由从动站收到所期望的报文，或接收出现差错，则启动站不改变 FCB 的状态，重复原来的发送/确认或者请求/响应服务。即正常发送时，FCB 位不停翻转。

4）FCV：帧计数有效位。FCV＝0 表示帧计数位 FCB 的变化无效；FCV＝1 表示帧计数位 FCB 的变化有效。

发送/无回答服务、广播报文和其他不需要考虑信息输出的丢失和重复的传输服务，无需改变帧计数位 FCB 的状态，因此这些帧的帧计数有效位 FCV 常为零。

（2）上行：

1）RES：备用，一般为 0。

2）PRM：启动报文位。

3）ACD：要求访问位。有两种级别的报文数据，分别为 1 级数据和 2 级数据。ACD＝0 表示从动站无 1 级用户数据要求传输；ACD＝1 表示从动站要求传输 1 级用户数据。

从动站向启动站指出希望传输 1 级用户数据。

注：1 级用户数据传输典型地被用于事件传输或者高优先级报文的传输，2 级用户数据典型地被用于循环传输或者低优先级报文传输。

4）DFC：数据流控制位。DFC＝0 表示是由从动（响应）站可以接收后续报文；DFC＝1 表示启动站连续传输后续报文，将引起缓冲区溢出。

（3）功能码：表示本帧的功能作用，需重点记忆，如表 1-10 所示。

表 1-10 功 能 码 的 帧 功 能

PRM＝1 启动站到从动站				PRM＝0 从动站到启动站		
功能代码序列	帧类型	服务功能	FCV	功能代码序列	帧类型	服务功能
0	发送/确认	复位远方链路	0	0	确认	肯定认可
1	发送/确认	复位用户进程	0	1	确认	否定认可
2	发送/确认	保留		2～5		保留

续表

功能代码序列	帧类型	服务功能	FCV	功能代码序列	帧类型	服务功能
3	发送/确认	用户数据	1	6～7		保留
4	发送/无回答	用户数据	0	8	响应	用户数据
5		备用		9	响应	无请求的数据
6～7		保留		10		保留
8	请求访问	按要求的访问位响应	0	11	响应	链路状态或访问要求
9	请求/响应	请求链路状态	0	12		保留
10	请求/响应	请求1级用户数据	1	13		保留
11	请求/响应	请求2级用户数据	1	14		链路服务未工作
12～15		保留		15		链路服务未完成

2. 可变帧长

可变帧长用来在主站和厂站间传输数据。主要包括：①下行的有遥控、遥调、对时、总召等；②上行的有遥信、遥测、时钟返回、遥控返校、总召确认等信息。

可变帧长的格式如表1-11所示。

表1-11　　　　　　　　可变帧长的格式

启动字符（68H）
长度（L）
长度（L）
启动字符（68H）
控制域
链路地址
应用服务数据单元（ASDU）
校验码
结束字符（16H）

ASDU包含了所有数据信息，ASDU的格式如表1-12所示。

表1-12　　　　　　　　ASDU的格式

ASDU
类型标识
结构限定词
传送原因
公共地址（子站站址）（01H）
信息内容……
信息内容……

（1）类型标识，即信息类型。信息类型代码如表1-13、表1-14所示。

表1-13   上 行 信 息 功 能 码

报文类型 （十进制）	报文语义	其他说明	报文类型 （十进制）	报文语义	其他说明
0	任何情况都不用		3	双位遥信	带品质描述、不带时标
1	单位遥信	带品质描述、不带时标	9	归一化遥测值	带品质描述、不带时标
11	标度化遥测值	带品质描述、不带时标	31	双位遥信（SOE）	带品质描述、带绝对时标
13	短浮点遥测值	带品质描述、不带时标	34	归一化遥测值	带品质描述、带绝对时标
15	累计值	带品质描述、不带时标	35	标度化遥测值	带品质描述、带绝对时标
20	成组单元遥信	带变位检出标识	36	短浮点遥测值	带品质描述、带绝对时标
21	归一化遥测值	不带品质描述、不带时标	37	累计量	带品质描述、带绝对时标
30	单位遥信（SOE）	带品质描述、带绝对时标	70	初始化结束	报告厂站端初始化完成

表1-14   上、下行信息功能码

报文类型 （十进制）	报文语义	其他说明	报文类型 （十进制）	报文语义	其他说明
45	单位遥控命令	每个报文只能包含一个遥控信息体	49	标度化设定值	每个报文只能包含一个设定值
46	双位遥控命令	每个报文只能包含一个遥控信息体	50	短浮点设定值	每个报文只能包含一个设定值
47	档位调节命令	每个报文只能包含一个遥控信息体	136	归一化多个设定值	每个报文包含多个设定值
48	归一化设定值	每个报文只能包含一个设定值			

（2）结构限定词，即信息个数。

（3）传送原因：经常用到的主要有突发，代码是03；组召唤，代码是20；激活，代码是06；激活确认，代码是07。

（4）公共地址，即子站地址。

（5）信息内容：遥信起始地址0001，遥测4001，遥控6001，遥调6201。其他具体遥信、遥测、遥控信息字报文的详细解析，请参看相关规约，本书不再详述。

3. 单个字符

一般子站在没有信息上送时，用单个字符"E5"来上送确认链路和用户数据。

1.2.2.2 通信流程

从主站初始化到数据正常采集之间的标准通信流程（括弧内为子站上送，括弧外为主站下发）如下：

(1) 请求链路状态（链路有效）。

(2) 复位远方链路（链路被复位）。

(3) 请求 1 级用户数据（初始化结束）。

(4) 总召唤（总召唤数据连续返回）。

(5) 时钟同步（时钟同步确认）。

(6) 短周期召唤 2 级数据（变化遥测数据）。

(7) 较长周期召唤 2 级数据（背景扫描数据）。

(8) 长周期分组召唤（分组数据返回）。

1.2.3 IEC 60870-5-104

104 规约是采用标准传输协议子集的 IEC 60870-5-101 网络访问。因此，104 规约与 101 规约有很多相通之处。

1.2.3.1 帧格式

104 规约的帧格式也分为三种，分别为 I 帧、S 帧、U 帧。

(1) I 帧：传输应用数据，捎带确认对方的发送。相当于 101 规约的可变帧长。

(2) S 帧：无应用数据可传输时，确认对方的发生。相当于 101 规约的单个字符。

(3) U 帧：控制用报文，用于启动、停止应用层传输。相当于 101 规约的固定帧长。

1.2.3.2 帧结构（见表 1-15）

I、S、U 帧均遵从此结构，只是只有 I 帧有信息内容，即只有 I 帧有 ASDU。控制域 1 和控制域 2 表示发送序列号，控制域 3 和控制域 4 表示接收序列号。

表 1-15 帧 结 构

LEN	起始字 68H	APCI	APDU
	APDU 长度（最大 253）		
	控制域 1		
	控制域 2		
	控制域 3		
	控制域 4		
	IEC 60870-5-101 和 IEC 60870-5-104 定义的 ASDU	ASDU	

1. I 帧格式特点

控制域第一个八位位组的第一个比特位是 0 定义了 I 格式；发送方发送信息时增加发送序号，接收方确认对方的发送序号时增加接收序号；带信息发送并确认对方帧。I 帧格式见表 1-16。

表1-16　　　　　　　　　　　　　　　　　I帧格式

7	6	5	4	3	2	1	0
			发送序列号N（S）				0
			发送序列号N（S）				
			接收序列号N（R）				0
			接收序列号N（R）				

2. S帧格式特点

控制域第一个八位位组的第一个比特位是1，第二个比特位是0，定义了S格式。

S格式帧为短帧，长度仅6个字节，用于确认接收到对方的帧，但本身没有信息发送的情况。S帧格式见表1-17。

表1-17　　　　　　　　　　　　　　　　　S帧格式

7	6	5	4	3	2	1	0
						0	1
0							
			接收序列号N（R）				0
			接收序列号N（R）				

3. U帧格式特点

控制域第一个八位位组的第一个比特位是1，第二个比特位是1，定义了U格式。

U格式帧为6字节短帧，用于启动控制信息：V表示生效、C表示确认。

START表示启动命令，STOP表示停止命令，TEST表示测试命令。U帧格式见表1-18。

表1-18　　　　　　　　　　　　　　　　　U帧格式

7	6	5	4	3	2	1	0
TEST		STOP		START		1	1
C	V	C	V	C	V		
0							
							0
0							

4. 104规约与101规约ASDU的区别

104规约与101规约ASDU的结构相同，帧类型定义相同，传输规则相同，仅仅在如表1-18所示的三处的字节长度上，有着细微的差别，具体见表1-19。

表1-19　　　　　　　　　　104规约与101规约ASDU的区别

规约	传输原因	公共地址	信息体地址
101规约	1字节	1字节	2字节
104规约	2字节	2字节	3字节

规约对于自动化主、分站来说都是重要的工具，无论是在通道建设调试、故障处理分析等方面，都是有着至关重要的作用。

第 2 章 变电站自动化专用 UPS 电源

2.1 变电站自动化电源简介

变电站自动化设备供电电源主要分为两种类型：直流系统和交流不间断电源。

2.1.1 直流系统

直流系统是为变电站内信号及远动设备、保护及自动装置、事故照明、断路器（断路器）控制回路提供直流电源的电源设备。相对变电站交流系统而言，直流系统较为独立，能够在站内交流电中断的情况下，由蓄电池组继续提供直流电源，保障系统设备正常运行。

使用 DC 220V 或 110V 电源的自动化设备有远动通信机、测控单元、智能网关、交换机、规约转换装置等。

直流系统由交流输入、充电装置、蓄电池组、监控系统（包括监控装置、绝缘监测装置等）、母线调压装置（降压硅链）、直流馈线等单元组成，共同完成直流系统的功能。系统框架如图 2-1 所示。

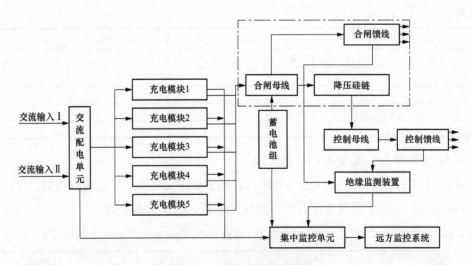

图 2-1 直流系统框架图

（1）交流输入。一套直流系统一般采用两路交流输入电源，且能保证一路交流电源失去时能自动切换到另一路交流输入。

（2）充电装置。充电装置实质是将交流电整流成直流电的一种换流设备，其主要功能是实现正常负荷供电及蓄电池的均/浮充功能。正常时，蓄电池处于浮充状态，充电装置仅提供较小的浮充电流；当蓄电池容量大幅度下降或者蓄电池带载试验后，充电装置切换到均充状态。

（3）蓄电池组。蓄电池组能保证直流系统在失去交流输入的情况下仍能输出直流电源，蓄电池组到直流母线之间采用熔断器起保护作用，熔断器应带有报警触点。日常巡视中需关注每个蓄电池电压情况，现阶段普遍采用的额定电压2V阀控式铅酸蓄电池，浮充状态下的电压在2.15～2.35V，超出这个范围应给予关注。

（4）监控系统。监控系统包含充电机监控模块、蓄电池监控模块以及绝缘监测装置，用以监控充电机工作状态、蓄电池组电压、各馈线绝缘电阻等工况。如交流输入电压、直流母线电压、负载总电流、蓄电池电压、电池充放电电流等数字参数；充电装置故障、交流电压异常、控制母线过/欠压、直流接地、直流空气断路器脱扣、电池组熔断器熔断、绝缘监察和其他装置故障等状态信号；充电装置的均、浮充转换等控制信号。

（5）母线调压装置。直流系统中可能存在两种直流母线：①控制母线，是供保护及自动控制装置、控制信号回路等的直流母线；②合闸母线，为断路器操动机构等提供动力负荷。合闸母线和控制母线之间通过降压硅链连接。

（6）直流馈线。在大型直流网络中，环形供电网络操作切换较复杂、寻找接地故障点也较困难；环形供电网络路径较长，电缆压降也较大，因此，变电站直流系统的馈线网络应采用辐射状供电方式，不宜采用环状供电方式。

变电站常用的直流母线接线方式有单母线分段和双母线两种。双母线突出优点在于可在不间断对负荷供电的情况下，查找直流系统接地。但双母线刀断路器用量大，直流屏内设备拥挤，检查维护不便，新建的220～500kV变电站多采用单母线分段接线，如图2-2所示。

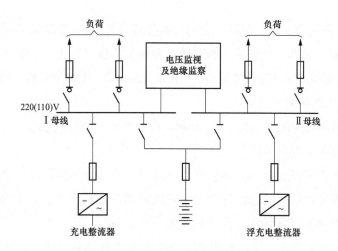

图2-2　直流系统单母分段接线图

2.1.2 交流不间断电源系统

使用 AC 220V 电源的自动化设备有后台系统、调度数据专网路由器与交换机、二次安防设备、故障信息子站、电能量远方终端等。凡是使用 AC 220V 电源的设备必须由不间断电源系统供电。当然变电站交流不间断电源系统（uninterrupted power system，UPS）是专为发电厂、变电站等电力行业设计，将自备直流屏的 220、110V 直流电逆变成 AC 220V/380V、50Hz 纯正弦波输出。由整流器、逆变器、旁路、隔离变压器、逆止二极管、静态断路器、手动切换断路器、同步控制回路、信号及保护回路、直流输入回路、交流输入回路、电池等部分构成，为变电站自动化、专网设备、保护信息、电能计量及安防装置等重要负荷提供稳定可靠的电源。

不间断电源系统应是一个完善的供电系统，每套装置采用 1 路交流输入、1 路直流输入。当配置 2 套不间断电源系统时，2 路交流输入分别接于不同的站用电母线，2 路直流输入分别接于不同的直流母线。交流供电电源回路不应与空调、照明、吸尘器等设备共用回路。不间断电源系统的供电母线采用单母线分段接线，供电回路一般为辐射状，也可采用双回路供电。不间断电源系统应提供逆变、旁路、故障告警信号，以硬接点的方式输出，并接入自动化系统及上送调度。

2.2 UPS 电源系统配置规范

2.2.1 系统构成及配置原则

（1）变电站自动化系统的交流不间断电源（简称 UPS 电源）系统由电力专用交流 UPS 电源和交/直流输入单元、交流输出单元等外围设备组成。

（2）UPS 电源由整流器、逆变器、静态旁路切换断路器、输入/输出隔离变压器、旁路输入隔离变压器（可选）、监控单元、内置防雷器、防反充电二极管、与外系统的通信接口等组成。

（3）交/直流输入单元由交流输入自动切换装置（可选）、交流输入断路器、旁路输入断路器、维修旁路断路器、直流输入断路器、旁路稳压器（可选）等组成。

（4）交流输出单元由交流输出断路器、交流馈线断路器、母联断路器、测量表计等组成。

（5）UPS 电源系统配置原则：

1）UPS 电源系统应配置两台 UPS 电源，构成双机冗余供电系统。

2）UPS 电源系统应采用组屏方式。

3）由 UPS 电源系统供电的设备包括变电站自动化系统计算机及交换机设备、远动设备（RTU）、火灾报警系统的总控制单元、调度数据网交换机及二次安全防护设备、"五防"工作站、门禁系统等不能中断供电的重要生产设备。

4）UPS 电源交流输入、交流输出端应分别配置两台隔离变压器，蓄电池组输入端配置防反充电二极管，实现交流输入、直流输入、交流输出三端完全电气隔离。

5）UPS 电源系统输入端宜配置相对地、中性线对地保护模式标称放电电流不小于 10kA（8/20μs）的交流电源限压 SPD；SPD 宜串联相匹配的联动空气断路器以便于更换 SPD 和防止 SPD 损坏造成的短路，SPD 正常或故障时，应有能正确表示其状态的标志或指示灯。

6）UPS 电源容量配置，500、220、110kV 变电站每台 UPS 电源容量可按 10、5、3kVA 选取。

2.2.2　系统馈线网络配置原则

（1）由 UPS 电源供电的设备应按照负载均分原则，将设备分别接到 UPS 电源输出的两段母线上。

（2）由 UPS 电源系统供电的所有设备，应采用一路馈线断路器对应一台设备，该路馈线断路器不得与其他设备共用。

（3）调度数据网纵向认证装置等双电源设备，每台设备的双路电源应分别接到 UPS 电源输出的两段母线上。

（4）变电站当地监控系统工作站、远动设备（RTU）、变电站当地监控系统交换机等单电源冗余配置的设备，两台设备应分别接到 UPS 电源输出的两段母线上。

（5）调度数据网交换机、调度数据网防火墙、火灾报警系统、"五防"工作站、门禁系统等单电源非冗余配置的设备，应根据负载均分原则分别接到 UPS 电源输出的两段母线上。

2.3　UPS 电源系统功能与技术指标

UPS 电源系统结构如图 2-3 所示。

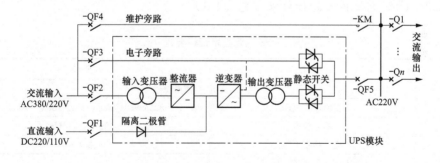

图 2-3　UPS 电源典型系统结构图

2.3.1　UPS 电源主要功能要求

2.3.1.1　切换功能

（1）当 UPS 电源主机的交流输入电源正常时，UPS 电源主机交流输入电源经整流器由交流变成直流，再经逆变器由直流变成交流输出到负载。

（2）当 UPS 电源主机的交流输入故障时，UPS 电源主机由交流输入电源供电切换至由直流系统经逆变器供电，切换时间应为 0ms；当 UPS 电源主机交流输入恢复正常后，UPS 电源主机自动由直流系统供电切换至由交流输入电源供电，切换时间应为 0ms。

（3）当 UPS 电源主机过载、逆变器故障、交/直流电源输入回路同时故障时，通过 UPS 电源主机旁路静态切换断路器自动切换至旁路供电，切换时间应小于 4ms；当 UPS 电源主机故障恢复后，UPS 电源主机自动切换至逆变输出供电，切换时间应小于 4ms。

（4）当 UPS 电源主机在旁路运行工况下，UPS 电源主机的旁路供电电源为 UPS 电源从机。

（5）配置旁路检修断路器，在 UPS 电源主、从机退出检修维护时可闭合检修断路器为负载供电。

2.3.1.2　测量功能

（1）模拟量包括交流输入线电压、相电流；交流旁路输入线电压和相电流；交流输出线电压、相电流；交流输入、输出和旁路频率；蓄电池组电压、蓄电池组电流（充电/放电）、三相交流输出每相负载率，以及电池组温度（可选）等。

（2）断路器量包括整流器/充电器运行状态、蓄电池组运行状态、自动旁路运行状态、以及逆变器运行状态等。

2.3.1.3　告警功能

交流输入/输出电压超限告警、交流输入中断告警、交流输入频率超限告警、整流器关闭告警、逆变器关闭告警、旁路供电告警、交流输入断路器跳闸告警、交流旁路输入断路器跳闸告警、交流输出断路器跳闸告警、直流输入断路器跳闸告警、交流馈线断路器跳闸告警、监控单元故障等。告警或故障时，监控单元应能发出声光报警，并应以硬接点形式和通信口输出，宜保留不小于 6 个硬接点输出。

2.3.2　UPS 电源技术指标要求（见表 2-1）

表 2-1　　　　　　　　　　　　　　　　UPS 电源技术指标要求

序号	项目	要求
1	交流/直流电源输入	
1.1	交流输入电压	AC 323V～AC 456V（AC 187V～AC 264V）
1.2	输入频率	（50±4%）Hz
1.3	输入功率因数	≥0.9
1.4	输入电流失真度 THDI	<30%
1.5	直流电压输入	DC 220/(110±15%) V
2	旁路电源输入	
2.1	旁路输入	AC（220±10%）V
2.2	输入频率	（50±4%）Hz
2.3	旁路过载能力	135% 额定电流以下可长期过载
2.4	短路能力	200% 额定电流的瞬间冲击
3	交流电源输出	
3.1	输出电压（稳态条件下）	AC（220±3%）V
3.2	输出电压瞬变（负载阶跃变化：0～100%和100%～0）	AC（220±10%）V

续表

序号	项目	要求
3.3	输出电压瞬变响应恢复时间	≤40ms
3.4	输出频率	(50±0.5)Hz
3.5	输出功率因数	≤0.8
3.6	逆变输出效率	3kVA 及以上≥85% 3kVA 以下≥80%
3.7	切换蓄电池组供电时间	0ms
3.8	切换旁路时间	<4ms
3.9	切换旁路最大相位移	<3°
3.10	输出过载能力	120%的额定负载 10min 150%的额定负载 10s 后转旁路
3.11	输出电流峰值系数	≥3∶1
3.12	输出电压的失真度（THDU）	≤3%
3.13	输出电压稳定精度	AC[380(220)±1%]V
4	系统特性	
4.1	系统输入/输出效率	3kVA 及以上≥80% 3kVA 以下≥75%
4.2	噪声	≤55db
4.3	蓄电池组出口处纹波系数	≤0.5%
4.4	输入/输出绝缘电阻	用绝缘电阻测试仪（1000V 挡）分别测量输入端、输出端对地的绝缘电阻，应大于 10MΩ
4.5	绝缘强度	UPS 电源输入端、输出端对地应能承受 50Hz、2000V 交流电压 1min 漏电流应少于 10mA 或 2800V 直流电压 1min 漏电流应少于 1mA，无击穿，无飞弧
4.6	对地漏电流	UPS 机壳对地的漏电流应不大于 3.5mA；如大于 3.5mA，应贴警告标示牌
4.7	UPS 电源的使用年限	≥12 年

2.3.3 接线方式

UPS 电源接线方式如图 2-4 所示。

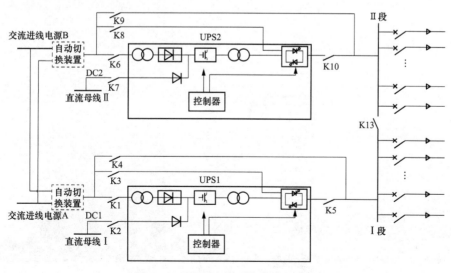

图 2-4 不间断电源系统接线示意图

第 2 篇
变电站综合自动化系统

本篇主要讲述传统的变电站综合自动化系统（简称综自系统），
主要包括监控后台机、远动装置、对时系统、测控装置等。

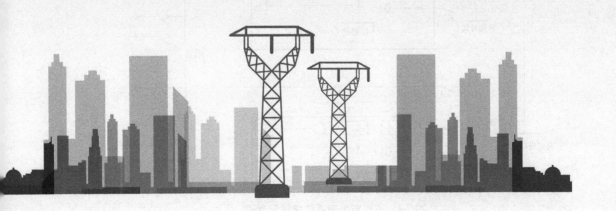

第3章 系 统 简 介

综自系统运行高效，能实时、可靠对变电站内设备进行统一监测、管理、协调和控制。本章主要从系统结构、设备动能、系统规约进行介绍。

3.1 系统结构及设备功能

3.1.1 系统的主要结构及功能特点

3.1.1.1 结构

综自系统一般按照分层分布式的设计思路，如图3-1所示，将变电站分为站控层和间隔层：①站控层：交换机上面的设备即站控层设备，主要有监控后台机、远动机、北斗/GPS对时系统；②间隔层：交换机下面的设备，主要有测控装置、保护装置、直流屏等设备。

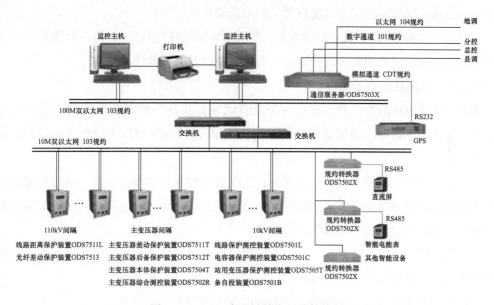

图3-1 110kV变电站综自系统结构图

3.1.1.2 功能

相比传统RTU站，综自系统功能的综合是最大的特点，取消了遥信屏、遥测屏、遥控执行屏独立功能的概念，以间隔为单位，一台测控装置即可同时实现"四遥"以及通信功能。它具有功能综合化、结构微机化、操作监视屏幕化、运行管理智能化4个特征。功能综合，简化接线，提高了运行管理水平，为实现无人值班打下了坚实的基础。

3.1.1.3　特点

(1) 可靠性高，任意部分设备故障只影响局部。

(2) 可扩展性和开放性较高，利于工程的设计及应用。

(3) 以电气间隔为对象，实现面对对象设计。

(4) 继电保护相对独立。

3.1.2　站控层设备功能

站控层主要由监控后台、操作员站、工程师站、远动装置、对时系统等设备组成，其中监控后台可兼做操作员站和工程师站。

(1) 监控后台包括操作系统、数据库系统和应用软件，是数据收集、处理、存储及控制的中心，可兼作操作员站，同时提供友好的人机对话界面。

(2) 操作员工作站包括操作系统和应用软件，从主机数据库调用数据，提供友好的人机对话界面，以实现变电站的运行监视和控制。

(3) 工程师工作站主要为监控系统维护人员使用，具备对站内设备进行状态检查、参数整定、调试检验及数据库的修改等功能。

(4) 远动装置直接从网络层采集间隔层和通信规约转换接口的数据，处理后，按照调度端的远动通信规约，实现与调度自动化的数据交换。

(5) 北斗/GPS 对时系统，接收北斗、GPS 的标准授时信号，对站内计算机监控系统和继电保护等有关设备的始终进行校正，保证全站时钟的一致性。

3.1.3　间隔层设备功能

间隔层主要包括测控装置、继电保护及自动装置及其他智能设备 110kV 及以上电压等级的设备按电气设备间隔配置保护装置及测控单元，35kV 及以下设备采用保护、测控一体化装置。

(1) 测控装置。间隔层采集和处理一、二次设备的测量和状态信息，通过网络传给站控层设备监控后台和远动装置，同时接受站控层发出的命令。间隔层也可独立完成对断路器和隔离断路器等设备的控制操作。

(2) 继电保护及自动装置。当电力系统发生故障时，能够发出告警信号或直接向所控制的断路器发出跳闸命令以终止故障事件发展的自动化措施和设备。

(3) 其他智能设备。主要指站内交直流电源管理设备、电能表等。

3.2　IEC 60870-5-103 规约

3.2.1　IEC 60870-5-103 规约简介

IEC 60870-5-103 规约（简称 103 规约）是实现综自站站内通信的规约，是站内继电保护装置、自动化设备、监控系统之间能够可靠、快速、准确通信的重要保障，对于站内电力设备的测量、监视、控制等都起到了很重要的作用。

103 规约的应用使得综自站内一个控制系统的不同继电保护设备和各种装置达到互换，提高了继电保护设备的安全性，该协议定义了变电站系统与保护设备之间相互通信的配套标准，可以满足变电站传输保护和监控信息的要求。

随着 103 规约在综自站中的日益普及，存在的问题也逐渐暴露出来：通信介质的不统一和通信协议的不统一，导致的通信差异对自动化集成度有很大的影响，并不能很好地满足当今日益增长的变电站自动化技术的要求，如图 3-2 所示。

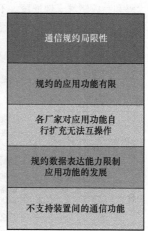

图 3-2 103 规约的缺点

因此，IEC TC-57 技术委员会制定了更具广泛适应性且功能强大的变电站通信协议 IEC 61850 协议体系标准，该标准是基于通用网络平台的变电站自动化系统的唯一国际标准，更具开放性和标准性。61850 规约将在第 7 章讲述。

3.2.2 103 规约结构

3.2.2.1 通信接口

（1）接口标准：RS232、RS485、光纤。

（2）通信格式：异步，1 位起始位，8 位数据位，1 位偶校验位，1 位停止位。字符和字节传输由低至高。线路空闲状态为 1，字符间无需线路空闲间隔，两帧之间线路空闲间隔至少 33 位（3 个字节）。

（3）通信速率：可变。

（4）通信方式：主从一对多，Polling（问答）方式。

3.2.2.2 报文格式

103 规约和 101 规约类似有固定帧长报文和可变帧长报文两种报文格式，前者主要用于传送"召唤、命令、确认、应答"等信息，后者主要用于传送"命令"和"数据"等信息。

1. 固定帧长报文

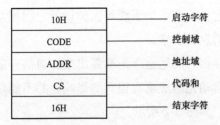

注：代码和＝控制域＋地址域（不考虑溢出位）

2. 可变帧长报文

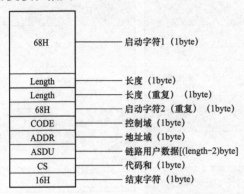

注：(1) 代码和＝控制域＋地址域＋ASDU 代码和（不考虑溢出位）。

(2) ASDU 为"链路用户数据"包，具体格式将在下文介绍。

(3) Length＝ASDU 字节数＋2。

3. 链路用户数据（ASDU）

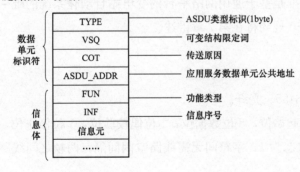

第4章　站控层设备

站控层主要由监控后台、操作员站、工程师站、远动装置、对时系统等设备组成，其中监控后台可兼做操作员站和工程师站。本章主要从监控后台机、远动装置、对时系统三个方面进行介绍。

4.1　监控后台机

4.1.1　功能简介

过去变电站综自系统缺乏系统整体设计，变电站监控、远动装置、保护故障信息等系统相互孤立，无法很好地实现信息共享，造成某些功能的重复设置。现如今监控后台机一般都集成了故障信息子站、远动装置配置模块等功能。可以说监控后台纵向贯通调度、生产等主站系统，横向联通变电站内各自动化设备，是变电站自动化的核心部分。主要实现以下四类系统功能。

4.1.1.1　数据采集

通过现场（I/O）测控单元采集有关信息，检测出事件、故障、状态、变位信号及模拟量正常、越限信息等。进行包括对数据合理性校验在内的各种预处理，实时更新数据库，其范围包括模拟量、数字量和脉冲量等。

（1）模拟量包括电流、电压、有功、无功、频率、功率因数等电量和温度等非电量，并具有如下采集功能：

1）定时采集：按扫描周期定时采集数据并进行相应转换、滤波、精度校验及数据库更新等。

2）越限报警：按设置的限值对模拟量进行死区判别和越限报警，其报警信息应包括报警条文、参数值及报警时间等内容。

3）追忆记录：对要求追忆的模拟量，可以追忆记录事故前1min至事故后5min的采集数据。

（2）数字量采集包括断路器、隔离开关以及接地开关的位置信号，保护动作信号、运行监视信号及有载调压变压器分接头位置信号等，并实现如下功能：

1）定时采集：按扫描周期定时采集输入量并进行光电隔离，状态检查及数据库更新等。

2）设备异常报警：当状态发生变化时，立即进行设备异常报警，报警信息包括报警条文、事件性质及报警时间等内容。

3）事件顺序记录（SOE）和操作记录：对断路器位置信号、继电保护动作信号等需要快速反应的断路器量采用中断方式，并按其变位发生时间的先后顺序进行事件顺序记录。

4）逻辑运算：当电网发生事故时，可以自动生成事故总信号。

（3）脉冲量主要指电度，用于电能计算。

4.1.1.2 报警处理

报警处理分事故报警和预告报警两种方式。前者包括非操作引起的断路器跳闸和保护装置动作信号。后者包括一般设备变位、状态异常信息、模拟量越限/复限、计算机站控系统的各个部件、间隔层单元的状态异常等。

1. 事故报警

事故报警发生时，公用事故报警器将立即发出音响报警（报警间量可调），CRT 画面上用颜色改变和闪烁表示该设备变位，同时显示红色报警条文，打印机打印报警条文，数据转发装置向远方控制中心发送报警信息。

事故报警通过手动或自动方式确认，每次确认一次报警，系统提供按照对象、单个报警以及全部报警进行确认的报警确认方式。自动确认时间可调，报警一旦确认，声音、闪光立即停止，报警条文颜色变色，声音、闪烁停止，向远方控制中心发送信息，报警信息保存。

第一次事故报警发生阶段，若发生第二次报警，可以同样处理，不会覆盖第一次报警。具有相同级别的报警信息可进行报警投退设置和报警屏蔽、使能设置。报警信息可以定义为光子牌，并可按照不同报警级别分别定义光子颜色。

2. 预告报警

预告报警发生时，其处理方式除与事故报警处理相同外，音响和提供信息颜色可区别于事故报警。能有选择地向远方发送信息。

3. 事故追忆

当发生事故告警信息时，触发事故总信号，并按照配置进行相关事故追忆，事故追忆信息包括事故前后配置时间段内的所有状态变位和模拟量信息。事故追忆前后时间段（最长事故前 5min、事故后 10min）、追忆模拟量的数量、追忆数据取值间隔时间（1s 到 10s）均可灵活配置。事故追忆数据全部保存在历史数据库中，并提供事故追忆分析工具进行事故追忆数据的分析。

4.1.1.3 控制操作

具备就地/间隔层/站控层/远方，多级控制，并带必要的安全检查和防误闭锁。完成对断路器、隔离开关的控制；对主变压器分接头的调节；保护功能压板的投退；信号复归以及设备的启停等控制功能。

监控系统在站控层提供两种防误闭锁功能：①与专用微机防误系统配合完成全站的防误闭锁功能；②系统内嵌的软件防误闭锁功能，用户可通过友好的软件闭锁逻辑定义工具完成站控层闭锁逻辑的设计。两种功能可以配合使用，共同完成站控层的防误闭锁。

监控系统具有操作监护功能，允许操作人员在一台工作站工作时，监护人员可在另一台工作站上进行监护；当一台工作站发生故障时，操作人员和监护人员可在同一台工作站上进行操作和监护。为防止误操作，在任何控制方式下都采用分步操作，即选择、返校、执行，并在站级层设置操作员、监护员口令及线路代码，以确保操作的安全性和正确性。

系统具有以下控制切换功能：①调度中心远方/站内控制室控制；②站内控制室控制/就地手动控制切换，任何时候只允许有一种控制方式进行控制。

在同一时间内，可将站内各受控设备分别置于站内控制、调度中心远方控制、就地手动控制方式。

监控系统在间隔层可以通过在测控装置上设置间隔互锁逻辑实现间隔层操作闭锁。

监控主站与测控装置配合完成同期功能。每个控制单元的测控装置将每条母线的电压及线路电压都接入装置，在整个检测期间，当同期断路器两侧的电压、相位角与频率差值保持在整定的范围内时，同期检测功能就处于允许合闸状态；当监控主站发出遥控合闸命令后，控制单元测控装置同时进行同期、闭锁条件、远方/就地控制状态等条件来判定，若条件成立，则执行相应的控制操作，否则闭锁。

4.1.1.4　人机界面

能通过显示器对主要电气设备运行参数和设备状态进行监视，画面支持双屏显示，画面操作支持无级缩放，可以平滑漫游，具有导游图功能。具有网络拓扑分析功能，能对设备进行动态着色，确定带电设备的颜色。主要显示画面包括：

（1）电气主接线图，包括显示设备运行状态、潮流方向、各主要电气量（电流、电压、频率、有功、无功）等的实时值。

（2）间隔图。

（3）直流系统图。

（4）计算机监控系统运行工况图：用图形方式及颜色变化显示出计算机监控系统的设备配置、连接状态。

（5）火灾报警系统。

（6）控制操作过程记录及报表。

（7）事故追忆记录报告或曲线。

（8）事故顺序记录报表。

（9）趋势曲线图：对指定测量值，按特定的周期采集数据，并予以保留。

（10）各种统计及功能报表，包括电量表、各种限值表、运行计划表、操作记录表、系统配置表、系统运行状况统计表、历史记录表和运行参数表等。

（11）定时报表、日报表、月报表。

4.1.2　运行管理

监控后台机作为站控层核心设备，负责全站电力设备的监视与控制，工作于电力生产安全区Ⅰ区。同时作为显示与操作设备被使用频次高，因此必须严加管理。

（1）监控后台机作为电力生产安全区Ⅰ区设备，硬件与软件均应采用国产硬件及国产操作系统，以前存在大量的 Windows 操作系统，应逐步整改。

（2）根据国家电网有限公司清朗有序安全网络空间创建活动要求，监控后台机作为变电站站内使用频繁的设备，应满足"四消除、两关闭"的工作要求：消除垃圾硬件、软件和文件；消除不良程序行为；消除缺省用户；消除弱口令；关闭不必要的硬件接口；关闭不必要的网络服务。

（3）需要在监控后台机进行图库维护时，应做好工作开始前、后的双备份。各厂家备份方式不同。

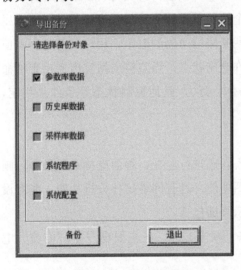

图 4-1 数据库及其配置界面

例：在南瑞科技 NS3000S 系统，备份 220kV 培训变 220kV 竞赛线线路间隔数据库及其配置。

具体操作：

启动终端

/> $ cd /home/nari/ns4000/bin

/> $ nssbackup（或控制台上选择"系统备份"菜单）

出现如图 4-1 界面。

选择相应需要备份的对象，点击"备份"，在弹出的路径选择对话框里选择合适的路径。默认应选择参数库数据，参数库中包含了程序的版本信息，因此备份参数库的同时也就备份了系统程序。

备份程序将在此路径下新建一个当前时间相关 220jingsaixian_yyyymmddhhmmss 的目录进行备份。

注意需要选择工程目录以外的路径进行备份，如图 4-2 所示，这里假设备份的路径是创建的一个备份路径/home/nari/bakup/，则生成的 220jingsaixia_yyyymmddhhmmss 文件夹在/home/nari/bakup/目录下。

1）备份打包。将获得的备份文件或目录（220jingsaixia_yyyymmddhhmmss）整体打包拷入 U 盘带回。或者使用发 ftp 工具将备份从机器上下载到笔记本。

2）工程备份恢复。导入备份前必须先停运系统，如有需要请做好原系统备份。备份完成后再启动系统。

假设已有工程备份目录 220jingsaixia_20170101112344

执行导入备份程序名：nssrecover（运行后选择 220jingsaixia_20170101112344 目录）

具体操作：

启动终端

/> $ bin

/> $ nssrecover

输入密码 naritech 之后，进入相应备份路径，点击之前备份文件夹 220jingsaixia ＿
20170101112344，点击"Choose"。

图 4-2　系统备份路径选择

会出现如图 4-3 所示界面。

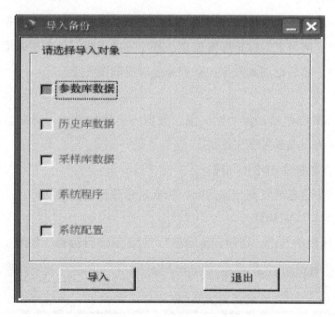

图 4-3　系统备份参数选择

选择相应需要导入恢复的对象，点击"导入"，在弹出的覆盖提示时确认即可，在覆盖前置数据时，如果是后台数据往远动机恢复时，选择"NO"。

（4）监控后台机的启动、关闭流程应在变电运维人员处留档。启动流程尽可能以图例方式，方便机器死机及其他特殊情况时的紧急处置。

以许继的 CJK-8500B 系统为例，启动控制面板如图 4-4 所示。

图 4-4 运行 xmanpanel 启动控制面板

通过上面的图标可启动不同的程序功能（如图 4-5 所示），可以依次启动实时库、启动服务（包括启动应用服务及启动 csf）、启动监控、启动 sntp。

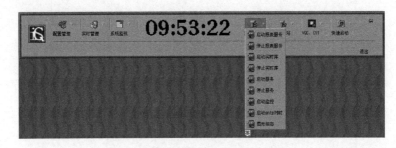

图 4-5 xmanpanel 不同的程序功能

4.1.3 维护操作

4.1.3.1 新增间隔

生成数据库，主要是生成遥信、遥测、挡位表测点及相关的一次设备类和逻辑节点定义表，还包括保护定值名表等保护配置信息。基于一次接线图绘制主画面、分间隔画面及各种有必要的画面，然后把前景数据关联到画面对应的图元上。

具体步骤如下：

环境：某 220kV 变电站新建线路间隔，数据库已添加完成，需在监控后台机增加间隔。监控后台系统为南瑞科技 NS3000S。

4.1.3.1.1 在数据库中增加间隔

新建间隔并填写信息或复制相似间隔，完成后台数据库的更新。

4.1.3.1.2 主接线图的修改

1）在原主接线图中点击"切换到编辑态"，对图形进行编辑，如图 4-6 所示。

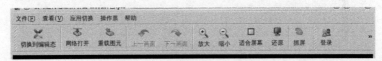

图 4-6 主接线图切换到编辑态

2）复制同样接线方式的间隔，粘贴至本间隔图纸中所示位置。

3）完成断路器、隔离开关遥信的关联。

4）完成遥测的关联。

5）画面网络保存。

4.1.3.1.3　间隔图的添加

1）打开—同样接线方式的间隔图，另存为本间隔名称，如图 4-7 所示。

2）完成断路器、隔离开关、把手、软压板的遥信关联。

图 4-7　间隔图的添加

如双击断路器，点击数据库连接，在记录中选择数据库对应遥信，如图 4-8 所示。

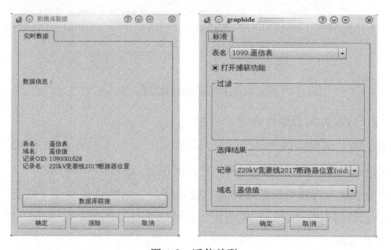

图 4-8　遥信关联

完成遥测的关联，与遥信操作雷同，只是图 4-8 中表名是遥测表，从中选择对应遥测信息即可。

光字图生成，双击光字图，弹出如图对话框，再点击选择测点定义，如图 4-9 所示。

图 4-9 光字图生成

点击后弹出如下对话框，从中选择需上光字的遥信信息，如图 4-10 所示。

图 4-10 选择具体遥信

4.1.3.1.4 数据库间隔参数修改

1. 断路器遥控与遥信关联

（1）在断路器表中，选择控制 REF，并复制信息，如图 4-11 所示。

（2）打开遥信表，选择对应的断路器位置，将信息粘贴到接线端子信息"＊＊.ctrl/＊＊＊＊＊.Pos.stVal"的阴影部分，完成遥控与遥信的关联，如图 4-12 所示。

2. 遥测系数修改

标度系数一般为"1"，根据实际情况修改，用于数据按比例的放大与缩小；基值一般为"0"，根据实际情况修改，用于数据的偏移，如图 4-13 所示。

至此，一个间隔在后台增加完毕。

图 4-11 选择控制 REF

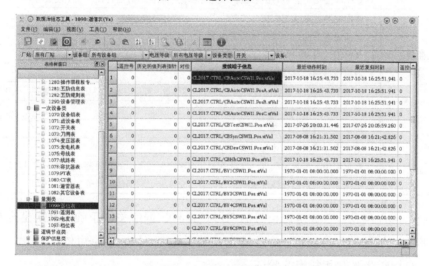

图 4-12 粘贴连线端子

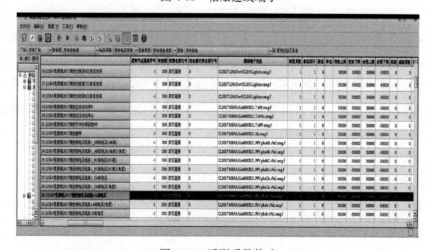

图 4-13 遥测系数修改

4.1.3.2 SCADA 功能维护

SCADA（数据采集与监视控制系统）可以对现场的运行设备进行监视和控制，以实现数据采集、设备控制、测量、参数调节以及各类信号报警等各项功能，即"四遥"功能。

本节的目的是熟悉并掌握监控后台 SCADA 部分功能，包括遥信及光字、遥测及曲线、遥控及同期等，增强厂站自动化运维人员 SCADA（监视控制）系统工作能力，全面提升厂站自动化运维人员的运维素质。

监控后台 SCADA 功能遥信及光字、遥测及曲线和遥控及同期常见的问题如表 4-1 所示。

表 4-1 SCADA 常见问题

遥信及光字	画面遥信与数据库遥信关联错误
	画面遥信封锁、取反
	数据库遥信信息描述与事实不相符
	数据库遥信信息参数配置错误（允许标记、取反、遥信封锁、人工质数等）
遥测及曲线	画面遥测及曲线与数据库关联错误
	画面遥测及曲线与数据库关联错误
	画面遥信封锁
	数据库遥测信息描述与事实不相符
	数据库遥测信息参数配置错误（系数、偏移量、死区、允许标记、遥测封锁、人工质数等）
遥控	画面遥控与数据库遥信关联错误
	画面遥控封锁、取反
	数据库遥控信息描述与事实不相符
	数据库中遥控未关联到一次设备上（南瑞继保图入库后需要测点关联一次设备）
	数据库遥控信息参数配置错误（类型、允许标记、遥信闭锁等）

遇到 SCADA 问题，首先考虑信号的图形是否与数据库关联正确，其次是查看数据库中的参数设置，清楚的定位到每一个故障点，做到有理可依、有据可依。

例 1：模拟断路器 B 相故障并验证

某 220kV 变电站南瑞科技 NS3000S 监控后台系统，要求新增 220kV 竞赛线 2018 断路器三相位置不一致合并遥信信号及光字，模拟断路器 B 相故障并验证其正确性。

1. 案例解析

此题为新建断路器三相位置不一致的合并遥信及光字，因间隔测控本身无此遥信信号，所以需要建立虚遥信，并且需要对 ABC 三相的位置信号做一个逻辑运算并输出，最后在实时运行态界面增加光字显示。

2. 案例实现

设置流程如下：

（1）建立虚遥信设备组。在数据库组态"一次设备类"表的"设备组表"中增加一个设备组，命名为"虚遥信设备"，如图 4-14 所示。并勾选"有封锁""需要确认""存在断路器"和"存在隔离开关"等域，该记录各域对应配置请参照相关章节。

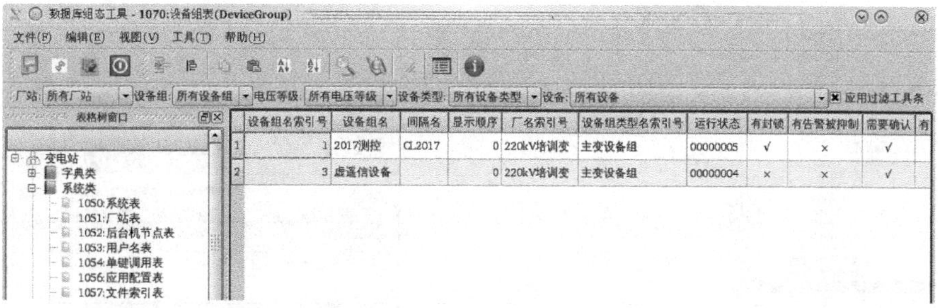

图 4-14　创建虚遥信设备组

（2）在虚设备表中建立信号分类虚设备。在“一次设备类”表的“虚设备表”中增加一条记录，对应相应数量的记录分类，“断路器位置故障信号”，之后添加“厂名索引号”，并将“设备组名索引号”对应为“虚遥信设备”，并勾选“需要确认”域。

（3）表达式建立。在“量测类”“遥信表”中增加的虚遥信信号“220kV 竞赛线断路器三相位置不一致”，配置好“厂站索引号”“设备类型名索引号”，并将“设备名索引号”对应配置成“断路器位置故障信号”，见图 4-15。

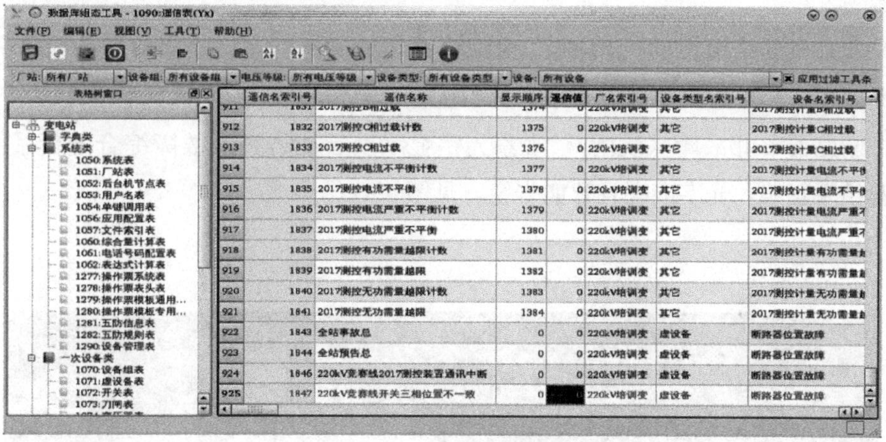

图 4-15　创建虚遥信

打开“系统类”“表达式计算表”，增加一条记录，输入表达式计算名“断路器三相位置不一致”，计算方式选择“循环”，双击打开“计算设置数据”，进行表达式计算关联。在“结果输出”栏双击并添加之前制作的虚遥信信号“220kV 竞赛线断路器三相位置不一致”（可以使用 dbconf 添加或者从其他数据库组态工具中拖拽遥信值），作为合并遥信的输出结果。在“输入参数个数”点击向上箭头，增加三条记录。双击第一条记录，选择遥信表中的信号“220kV 竞赛线 2017 断路器 A 相位置”，同样操作分别增加第二条和第三天记录。在“Out1”中编辑逻辑表达式，要能正确输出虚遥信信号“220kV 竞赛线断路器三相位置不一致”{本例使用［0<(Ln1+Ln2+Ln3)］&& ［(Ln1+Ln2+Ln3)<3］，即断路器三相 ABC 位置，正常分闸时应为 3 个 0，正常合闸时应为 3 个 1，除此之外全是三相不一致的故障态}。表达式建立过程见图 4-16。

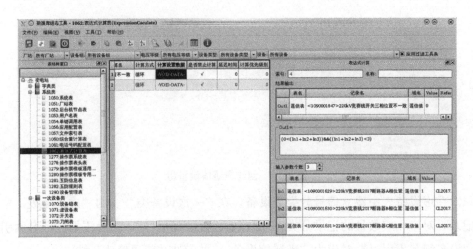

图 4-16　表达式计算公式

（4）画面光字显示。控制台打开"图形编辑"，打开"220kV 竞赛线间隔分图"，双击光字牌，选择测点定义，联结数据库中的新增的虚遥信信号"220kV 竞赛线断路器三相位置不一致"。

（5）验证试验结果。"图形编辑"由编辑态切换到运行态，观察虚遥信信号"220kV 竞赛线断路器三相位置不一致"光字，处于蓝色未动作状态。

模拟断路器 B 相故障（跳闸），观察光字显示及智能告警及故障综合分析系统窗口，验证试验结果正确，光字闪亮且智能告警，见图 4-17。

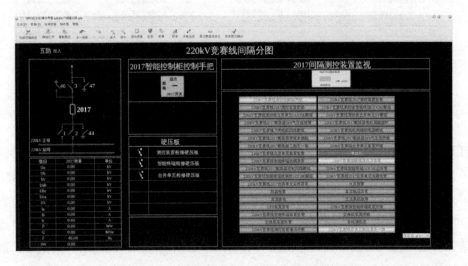

图 4-17　虚遥信事件发生导致光字动作

例 2：监控后台遥测值 U_a 不刷新

某 220kV 变电站南瑞科技 NS3000S 监控后台系统，监控后台与间隔测控装置数据通信连接正常，监控后台实时运行界面遥测值 U_a 不刷新，U_b 恒为 100，U_c 为正常值，试分析找出原因并处理。

1. 故障现象

监控后台实时运行界面遥测值 U_a 为 0 且不刷新，U_b 无值，U_c 为正常值。

2. 故障分析

（1）首先打开图形编辑界面，观察间隔分图遥测信息 I_a、I_b、I_c 的动态记录关联数据库，均正确，排除。

（2）打开数据库组态-量测类-遥测表，找到记录"220kV 竞赛线 2017 测控相电压 I_a 相电压"，查看其域中的参数是否设置正确。发现域 24"残差"为"200"，残差在南瑞科技监控后台数据库遥测参数中意义为零值死区值，即 U_a 小于残差值 200 就为 0，找到问题 1，见图 4-18。

（3）打开数据库组态－量测类－遥测表，找到记录"220kV 竞赛线 2017 测控相电压 I_b 相电压"，查看其域中的参数是否设置正确。发现域 111"人工封锁"为"√"，即 U_b 遥测值被人工封锁，所以在故障图像上 U_b 无值，找到问题 2，见图 4-19。

	Property	Value
13	报警名索引号	其他遥测
14	综合量计算名…	0
15	接线端子信息	CL.2017.MEAS/LinMMXU1.PhV.phsA.cVal.mag.f
16	标度系数	1
17	参比因子	1
18	基值	0
19	单位	
20	有效上限	50000
21	有效下限	-50000
22	合理上限	50000
23	合理下限	-50000
24	残差	200
25	滤波系数	0
26	有效梯度	0
27	角度	0
28	设定值	0
29	相关遥信名索…	-1

图 4-18 U_a 遥测值残差

	Property	Value
109	异常	×
110	不变化或值无…	×
111	人工封锁	√
112	报警被抑制	×
113	需确认	×
114	被旁路	×
115	越上限	×
116	越下限	×
117	越上上限	×
118	越下下限	×
119	越限	×
120	遥调上调被…	×
121	遥调下调被…	×
122	上跳变发生	×
123	下跳变发生	×
124	无效	×
125	有群回	

图 4-19 U_b 遥测值人工封锁

3. 故障处理

在数据库组态中修改 U_a 残差值为 0（与其他相同），解决问题 1。

在数据库组态中修改 U_b 人工封锁打"×"，解决问题 2。

再次使用加量仪器对合并单元加电压模拟量，监控后台实时运行界面遥测值恢复正常。

4.1.3.3 高级应用

监控后台可以完成数据采集与监视控制功能，并可根据需要支持电网实时自动控制、智能调节、在线分析决策、协同互动等高级应用功能。

本节目的是熟悉并掌握监控后台高级应用功能，包括事故推图、网络拓扑、遥测越限、报表编辑、五防逻辑等，增强厂站自动化运维人员高级应用处理能力，拓展自动化运维人员的知识技能范围，全面提升自动化运维人员的运维素质。

高级应用功能在不同厂家不同的监控系统中实现的方式也不同，所以要注重高级应用的核心功能实现以及各厂家不同的实现方法。

1. 网路拓扑

以 NS3000S 监控后台系统为例，步骤如下。

（1）一次设备在主接线图画面上的关联。线路关联对应间隔有功功率，母线关联母线电压，断路器关联断路器位置，变压器关联挡位值，电容器关联本间隔无功功率。这个能保证系统组态中的有实际意义的一次设备和画面图元建立关联。另外所有图元的连接必须是采用的拓扑连接线。

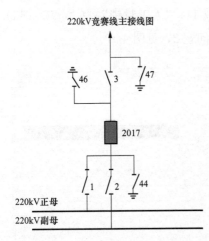

图 4-20 数据库连接状态

（2）画面节点入库。将主接线图切换到编辑态，将主接线另存为一张图，将该图进行一些处理。如删除避雷器等为表现画面效果的无关联图元，删除无数据关联的图元，应保证最后的画面所有图元都通过拓扑连接线连接在一起，所有图元都存在数据关联（可以点击数据关联按钮，没有关联数据的图元会显示一个问号，），确保所有图元的关联都是正确的。最后点击节点入库，入库成功后不应该报任何错误信息，如图 4-20 所示。

（3）带电计算 topserver。每次重新进行节点入库操作后，需要重新启动 topserver，只计算已生成有效节点号的设备带电状态。随设备状态（接地开关除外）改变，在线计算带电状态。为保证步骤 1 中的图元设备能找到正确的设备表对应记录，务必正确设置测点（遥信）正确的设备信息，如图 4-21 所示。并且断路器、隔离开关设备的遥信点［测点名索引号］域值为"位置"（数值 36）；接地开关设备在隔离开关表中将［设备子类型索引号］域值设为"接地开关"（数值 29）；隔离开关表中，将隔离开关表中对应隔离开关［设备子类型索引号］选择为母线侧隔离开关或线路侧隔离开关（不可选择为接地开关）。

（4）选择电源点。topserver 将发电机，潮流线｛遥测点设备类型对应是线路，对应线路表中该设备记录［设备子类型］域值设为"潮流线"（数值 66）｝默认为电源处于带电状态，如图 4-22 所示。所有图元带电状态值都存放在对应设备表中的［带电标志］域中（带电状态：0；停电状态：1；接地状态：2；无效状态：255）。带电状态的图形颜色（带电状态：红色；停电状态：绿色；接地状态：褐黄色；无效状态：灰色）。

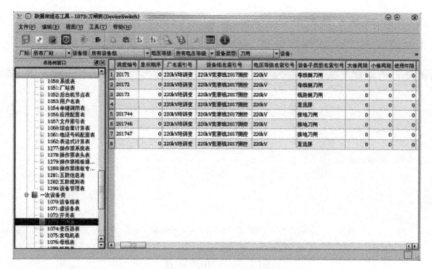

图 4-21　隔离开关表设备类型名索引表

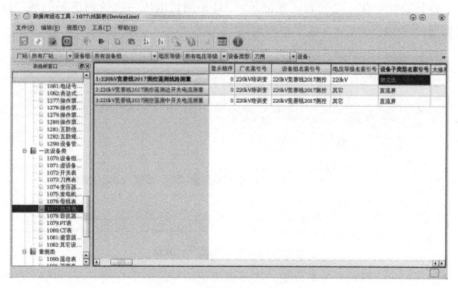

图 4-22　线路表线路测量潮流线

（5）验证试验结果。图形运行状态［停电信息］按钮处于选中状态，画面进入拓扑着色显示状态。更改图形中设备（接地开关除外）的测点值可以实时显示图形拓扑颜色。显示效果见图 4-23。

2. 遥测越限

以 PCS9700 为例，步骤如下。

（1）打开数据库组态工具—采集点配置—限值方案设置，新增"220kV 电压越限"，时段类型为每年，限值类型为范围限值，打开限

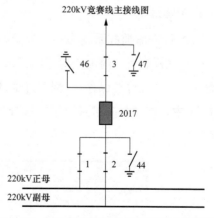

图 4-23　220kV 竞赛线主接线图带电拓扑图

43

值表，见图 4-24，编辑"开始时间、结束时间、下限无效值、下下限、下限、上限、上上限、上限无效值"，编辑完成保存发布。

图 4-24　限值方案表

（2）打开装置测点－遥测表，在记录"AB 相测量电压一次值幅值"的域"限值表"中选择新增的限值方案表"220kV 电压越限"，保存并发布。见图 4-25。

图 4-25　选择电压越限限值表

（3）使用加量仪器对合并单元加二次值模拟量，三相电压分别 65V，观察实时运行界面 UAB 遥测值变为蓝色（越限异常），并且伴随有实时告警窗口告警信息。

3. 报表编辑

以 NS3000S 监控系统为例，步骤如下。

（1）采样配置。遥测表对应的记录，如××线路有功功率，选择其后的域 30 "遥测采样类型"为"五分钟保存"。配置好遥测采样后会在系统组态的采样类中的定时采样来源表 1141 中，增加对应遥测记录。选择 5min 是为了和历史曲线工具保持一致。如图 4-26 所示。

	相关遥信名索引号	遥测采样类型	统计采样类型	越限采样类型
1:有功	-1	五分钟保存	按日保存	不保存

图 4-26　遥测采样设置

统计采样配置，域31"统计采样类型"为"按日统计"；再勾选域75、76、77的统计方式为"最大、最小、平均"，如此能够获得日统计结果中的最大最小和平均值（切记，一定要先勾选按日统计，再勾选"最大、最小、平均"，顺序反了将不能生效）。

（2）报表编辑。执行 report 1，或者从控制台打开报表编辑界面。报表的编辑界面为也可以直接通过控制台菜单选项"报表编辑"进入。

在编辑界面下，双击一个单元格，可以打开数据关联界面，默认是连接历史值，可以选择需要关联的遥测点。点击取消则进入单元格的文本编辑模式，可以输入文本字符，如报表标题。

1）显示日期与标题。

双击某单元格，可以关联数据，如果点击取消，可以将该单元格作为文本框输入。

点击 A1，取消，输入"日期"。点击 A2，选择统计值页面，选择日、最大值、时刻，类型选择年月日，确定。这个值可以显示报表当前数据的日期。

点击 B1，输入报表标题"××线路日报表"，按住 shift，点击 D2。所选择界面变绿，点击工具栏的"合并单元格"按钮。6个单元格合并，显示内容为左上角单元格内容。

2）当日整点历史值。

日报表一般展示的内容有整点值信息及一天的最大、最小、平均值信息。首先是整点采样值信息。点击 A3，输入"时刻"，点击 A4 输入"0点"，A5"1点"，依次直到"23点"。再点击 B3，输入"P"，C3 输入"Q"，D3 输入"I"。再双击 B4，选择历史值页面，点击数据库联结，选择对应线路的遥测 P。时间设定为本年、本月、今日。时选择为不使用、0。其他配置都可以默认，之后确定。如图 4-27 所示。

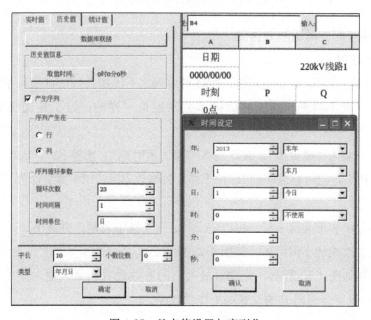

图 4-27　整点值设置与序列化

在 B4 右键选择序列化，按默认配置"列、循环 23 次、时间间隔 1h"。则 B 列会对应产生剩下 23 个时刻的历史值。可以双击打开最后一个单元格的历史值，查看其时间是否是 23 时 0 分 0 秒。

P 配置好后，配置 Q 的信息可以复制完成，将 B4 复制到 C4 单元格。然后将数据库连接改为遥测 Q。这里有特别需要注意的地方，在修改数据库连接之前要将历史值页面上的产生序列的钩去掉，否则数据库连接修改不能成功。C4 单元格还是 P 的信息。将 C4 改为遥测 Q 之后，重新序列化，C 整列 24h 采样值也配置完毕。如图 4-28 所示。

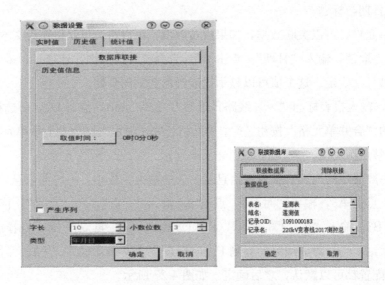

图 4-28　复制修改时取消序列化

D 列的遥测 I 配置同遥测 Q 配置。

3）当日统计值。

之后配置日统计值。对于统计值，则在对应列之下增加几行统计值，主要有最大、最小、最大时刻、最小时刻。遥测的数据库关联还是一样的，但不是选历史值而是选统计值。

点击 A28，输入"最大值"，A29 输入"最大值时刻"。选择 B27、B28、B29，右键选择向下填充。B27 将把内容复制到 B28、B29，再修改 B28、B29 为统计值标签页，并按照要求设置参数。

最小值的做法和最大值一样。可以将 B28、B29 选中复制，并在 B30 右键粘贴。之后将参数中最大值改成最小值即可。如图 4-29 所示。

其具体设置如图 4-30 所示，分别是最大值的参数设置和最大值时刻的参数设置。遥测 Q、I 的极值设置步骤同 P 的设置则工作量较少。

27	23点	yyyy/mm/dd~第24格(共24格在列方向)
28	最大值	+999999999
29	最大值时刻	hh:mm:ss
30	最小值	+999999999
31	最小值时刻	hh:mm:ss

图 4-29 最大最小值

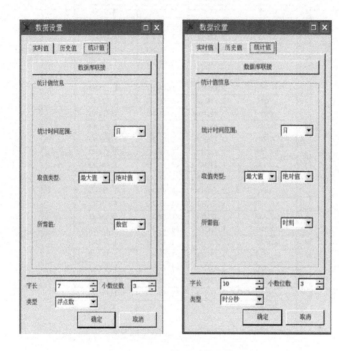

图 4-30 极值大小与时刻

4）边框设置。

选中所有有效需展示的单元格，并选择工具栏中的框的内部框方式。则所有单元格之间有线框区分。非展示部分则不显示单元格。如图 4-31 所示。

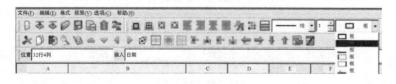

图 4-31 边框设置

5）报表保存。

保存首先进行网络保存，并选择对应的日报表，并输入报表名称。之后也应该进行一次本地保存，防止网络文件丢失。

（3）报表显示。执行 report 0，或者通过控制台菜单选项“报表管理”进入，打开网络保存的报表文件，观察 220kV 竞赛线日报表 PQI 的采样值。如图 4-32 所示。

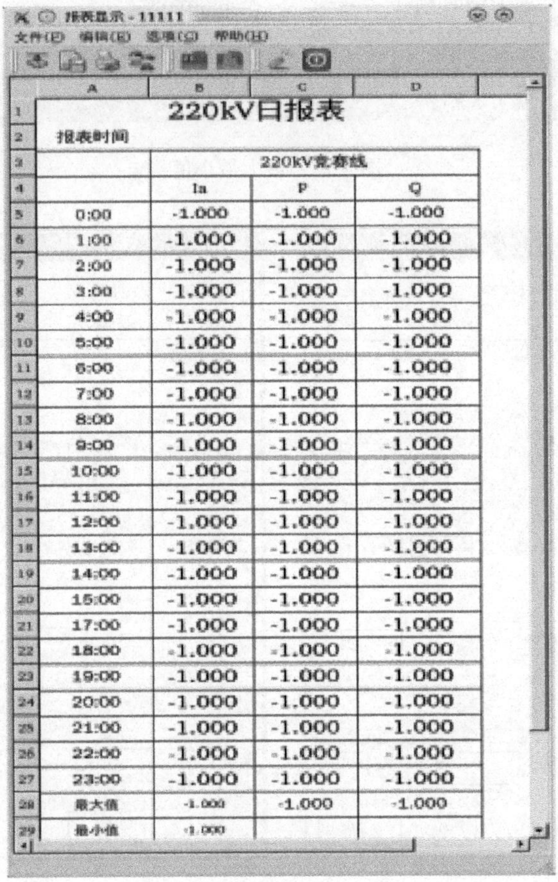

220kV日报表			
报表时间			
	220kV竞赛线		
	Ia	P	Q
0:00	-1.000	-1.000	-1.000
1:00	-1.000	-1.000	-1.000
2:00	-1.000	-1.000	-1.000
3:00	-1.000	-1.000	-1.000
4:00	-1.000	-1.000	-1.000
5:00	-1.000	-1.000	-1.000
6:00	-1.000	-1.000	-1.000
7:00	-1.000	-1.000	-1.000
8:00	-1.000	-1.000	-1.000
9:00	-1.000	-1.000	-1.000
10:00	-1.000	-1.000	-1.000
11:00	-1.000	-1.000	-1.000
12:00	-1.000	-1.000	-1.000
13:00	-1.000	-1.000	-1.000
14:00	-1.000	-1.000	-1.000
15:00	-1.000	-1.000	-1.000
17:00	-1.000	-1.000	-1.000
18:00	-1.000	-1.000	-1.000
19:00	-1.000	-1.000	-1.000
20:00	-1.000	-1.000	-1.000
21:00	-1.000	-1.000	-1.000
22:00	-1.000	-1.000	-1.000
23:00	-1.000	-1.000	-1.000
最大值	-1.000	-1.000	-1.000
最小值	-1.000		

图 4-32 日报表 PQI

4.“五防”逻辑

以 NS3000S 监控系统为例，步骤如表 4-2 所示。

表 4-2 **“五防”逻辑表**

220kV 线路闭锁逻辑（0 表示分闸状态，1 表示合闸状态，单线路间隔，无 1 条件）								
操作设备	正母隔离开关	副母隔离开关	断路器母线侧接地开关	断路器	断路器线路侧接地开关	线路隔离开关	线路接地开关	其他
正母隔离开关（合）		0	0	0	0			
正母隔离开关（分）		0		0				
副母隔离开关（合）	0		0	0	0			
副母隔离开关（分）	0			0				
断路器母线侧接地开关（合）	0	0				0		

操作设备	正母隔离开关	副母隔离开关	断路器母线侧接地开关	断路器	断路器线路侧接地开关	线路隔离开关	线路接地开关	其他
220kV线路闭锁逻辑（0表示分闸状态，1表示合闸状态，单线路间隔，无1条件）								
断路器母线侧接地开关（分）								
断路器（无逻辑）								
断路器线路侧接地开关（合）	0	0				0		
断路器线路侧接地开关（分）								
线路隔离开关（合）			0	0	0		0	
线路隔离开关（分）				0				
线路接地开关（合）						0		注1
线路接地开关（分）								

注　线路无压。线路无压判据应为"线路压变低压空开合位＋线路无压"。

（1）"五防"设置。

1）系统类表 1050 系统表—＞50 "五防"系统投入打钩，如图 4-33 所示。

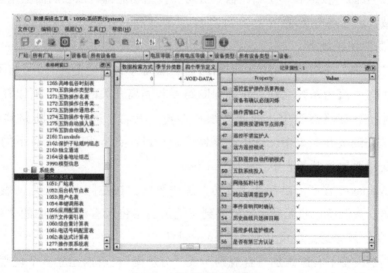

图 4-33　"五防"系统投入

2）一次设备表 1070 设备组表 19 是否存在断路器，20 是否存在隔离开关打钩，如图 4-34 所示。

3）建立"五防"规则：例如断路器闭合规则，隔离开关 1、2 须闭合（具体设置参考"五防"闭锁规则）。

4）软压板"五防"例外设置，对于软压板遥控不需要通过五防判断，可以在遥信表中勾选域 85 "是否软压板"。

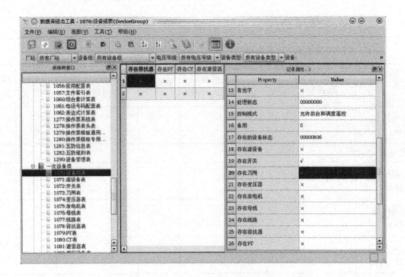

图 4-34 设备组表勾选断路器隔离开关

5）单个断路器（隔离开关）"五防"投入退出设置，在全站"五防"投入情况下，通过修改断路器表域 28 "遥控不需要防误检查"，可以实现单个设备的"五防"退出。但该功能需谨慎，如无必要，不应使用。

6）全站"五防"投退和单个断路器"五防"投退功能都可以在画面上用热敏点关联 1 和 5 指明的域，然后点击实现。

（2）"五防"闭锁规则。

在编辑"五防"规则前，必须保证断路器、隔离开关等设备的 oid 号将不会再变动，否则规则会丢失。因为系统无法完全确保断路器和隔离开关的类别，所以在导库时，隔离开关可能生成在断路器表中。因此必须在编辑"五防"前，保证断路器在断路器表中，隔离开关在隔离开关表中。选中断路器记录条目，点击组态的工具下的移动设备来移动断路器记录到隔离开关表中，密码 naritech。

执行 wfManager 程序可以打开"五防"逻辑程序，在左侧专用规则列表中会列出全站断路器隔离开关设备，如无显示，需要到系统组态中将所有设备组中的"存在断路器""存在隔离开关"域勾选。再重开 wfManager 即可。

可在断路器设备下右键添加"合规则"或"分规则"，可以建立多个规则，不同规则为"或关系"，任意一条规则内的逻辑为"与关系"。编译保存即可。

如图 4-35 所示，编辑规则时，在需要添加输入量时，另开一个系统组态界面，可直接将逻辑判断输入遥信值拖拽到五防规则框中，选择分或合即可。

（3）验证"五防"逻辑。

打开 220kV 竞赛线主接线图实时运行态界面，依次对 2017 断路器、20171 隔离开关、20172 隔离开关、20173 隔离开关、201744 接地开关、201746 接地开关、201747 接地开关进行分合闸操作，验证"五防"逻辑。如图 4-36 所示。

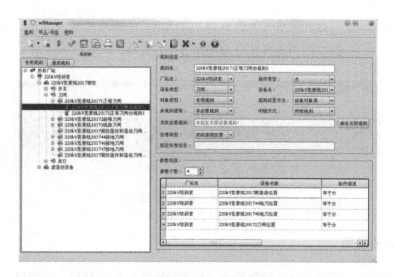

图 4-35 "五防"逻辑编辑

图 4-36 分合正母隔离开关验证"五防"逻辑

正母隔离开关（20171）合闸规则为（与）：副母隔离开关（20172）分、断路器（2017）分、断路器母线侧隔离开关（201744）分、断路器线路侧隔离开关（201746）分。由图 4-36 得知，此时断路器（2017）处于合闸状态，断路器母线侧隔离开关（201744）处于合闸状态，均不符合正母隔离开关（20171）合闸规则。因此，在正母隔离开关（20171）合闸预置时，"五防"逻辑验证没有通过，如图 4-37 和图 4-38 所示，弹出"五防"闭锁信息，合闸预置失败，无法进行遥控操作。

图 4-37 U_{ab} 遥测值异常

针对"五防"逻辑校验失败的操作，应该检查 wfManager 的"五防"规则是否正确，若出现错误立即修改直至和给出的"五防"逻辑表正确一致。接着，在"五防"逻辑表合理规则范围内操作断路器和隔离开关的分合，以满足目的断路器和隔离开关的"五防"逻辑规则，保证目的断路器和隔离开关分合操作合理且正确。

图 4-38 实时告警窗口告警信息

4.2 远动装置

远动装置直接从网络层采集间隔层和通信规约转换接口的数据，处理后，按照调度端的远动通信规约，实现与调度自动化的数据交换，是调度主站与变电站的连接纽带。

本节主要介绍远动装置的配置方法及流程，以新建变电站站为例，完整的完成远动通道配置、转发表制作等工作。

数据通信网关机是一种通信装置，实现智能变电站与调度、生产等主站系统之间的通信，为主站系统实现智能变电站监视控制、信息查询和远程浏览等功能提供数据、模型和图形的传输服务。

目前变电站一般为 220kV 及以上变电站双网络通道，110kV 及以下变电站一网络、一专线通道配置。

4.2.1 创建通道

环境：某新建站，需接入地调一个网络通道，以 104 规约通信；一个专线通道，以101 规约通信。数据通信网关机型号为：南瑞科技的 NSS201A。

4.2.1.1 增加专线通道

打开终端，输入 bin，输入 frcfg，弹出窗口，如图 4-39 所示。

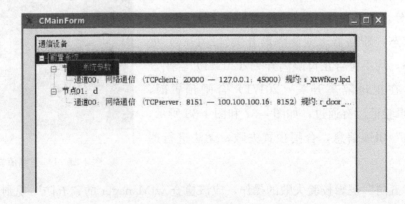

图 4-39 打开 frcfg

鼠标右键点击"前置系统",增加节点 02,如图 4-40 所示。

(a) 节点配置流程

(b) 节点配置完成

图 4-40 增加节点

节点 02 为新添加节点,然后在节点 2 中添加名称和通道数,如图 4-41 所示。这样就在节点 02 下,增加了一个通道。

接着进行通道参数配置,鼠标右键点击新增通道,进行通道设置,如图 4-42 所示。

图 4-41 添加节点名称和通道数

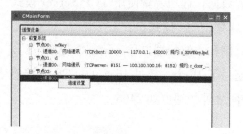

图 4-42 新增通道

在通道设置界面,有串口通信和网络通信需要配置。选串口通信,弹出如图 4-43 界面所示。

通道地址由主站分配,将分配的号填在通道地址的最后一位,该值不能大于 255,如果分配的地址大于 255,则按照 256 进位。如 300 地址应该填写成 0.0.1.44。校验方式 101 一般为偶校验,其他默认即可。

点击设置,弹出如图 4-44 所示界面。其中串口通信 com1 为服务器的相应一个串口,可根据实际需要修改对应串口。通信速率和其他设置则

图 4-43 通道参数编辑窗口

根据现场提供的信息进行相应的设置，点击"OK"即可。

图 4-44　串口通道设置

4.2.1.2　增加网络通道

再增加 1 个通道，通道设置时选"网络通信"，对侧节点地址分别填写地调和省调的前置机 IP。假定地调 IP 为 200.100.0.1，如图 4-45 即地调网络通道：一般常用的是给主站转发数据，远动装置使用 TCP Server 模式。而规转机要接受其他装置发送过来的数据，使用 TCP Client 模式。

对侧和本侧的端口号一般都需要双方约定，104 规约的约定为 2404。有的站 104 通道太多超过了 16 个，超过 16 个的 TCP 连接将建立不起来。多出来的通道需要本侧端口使用 2404 之外的端口如 2405。

图 4-45　网络通道设置

4.2.2 规约设置

4.2.2.1 规约选择

目前 104 规约统一使用 s _ Iec104SExtQ. lpd 规约,101 规约与 DISA/CDT 规约视现场情况而定。

4.2.2.2 规约容量

在图 4-45 中,点击规约容量点击规约容量,弹出界面,五个数默认为零,根据实际情况进行添加,如图 4-46 所示。

图 4-46 规约容量设置

4.2.3 规约组态即转发表设置

对于省调来说,仅需配置遥测、遥信,且只要主变压器、220kV 线路、母线、电容器的遥测及断路器、隔离开关位置信息;而地调则应接入全站所有二次设备的"四遥"信息。地调网络通道与专线通道可用一张转发表,转发表制作完成后可导出,另一通道使用时导入即可。

按以下步骤建立转发表。

(1) 点击图 4-46"规约组态",如图 4-47 所示。

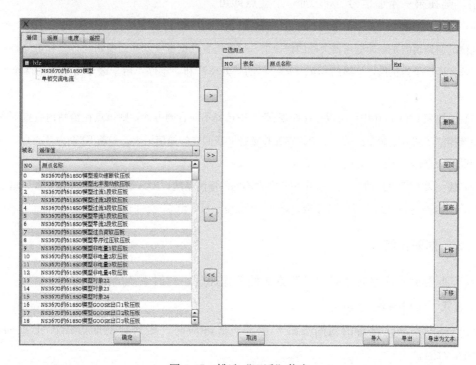

图 4-47 挑选"四遥"信息

(2) 在遥信、遥测等"四遥"中选择测点。以遥信为例,如果对遥信的测点名称全部进行导入,即可鼠标点击,如图 4-48 所示,点击"确定"即可。

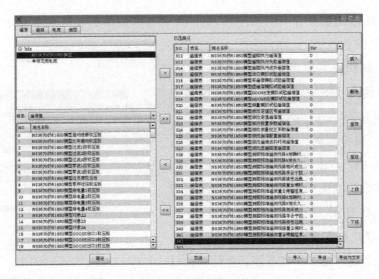

图 4-48　遥信测点挑选

（3）相应的遥测、电度和遥控的配置方法相同，此处不再阐述。需要注意的遥控转发表中，遥控点表是通过选择对应的遥信表记录来实现的，原则是画面遥控使用哪个遥信点，调度转发就使用那个遥信点。已选测点最右侧的编号即调度遥信号，若调度遥信号从1开始，则在第一条遥信号"0"加一个空点即可。

注：EXT 的作用。

挡位的遥调填的是画面变压器关联的挡位值，打开前置数据框去选择。遥调的升降和急停是两个遥控点，选择同一个挡位值，扩展的标记（EXT）的"升降"和"急停"用于区分变压器的两个的遥控命令。

（1）遥控表 EXT 的作用：可以在遥控表 EXT 中选择不同合闸方式，则该点在给站内装置下发遥控令时会选择"同期合"命令；同一个断路器遥控选择 2 条同样的遥信记录，一条 EXT 为普通合，一条为相应的同期（合环，实验）合闸。

（2）遥测表 EXT 的作用：遥测表中用于转发不同的遥测精度：EXT 栏填 1，为 0 位小数；填 2 或缺省值 0，为 1 位小数；填 3，为 2 位小数；填 4，为 3 位小数；填 5，为 4 位小数。

4.3　对时系统

本节主要学习掌握数据多种对时方式的工作原理、对时系统的配置方法。

4.3.1　对时系统的分类

变电站的自动化设备的对时方式，主要有脉冲对时、串行口对时、IRIG-B 时钟码对时、网络对时。

4.3.1.1　脉冲对时

脉冲对时方式多采用空接点接入方式，它可以分为以下 3 种：

（1）秒脉冲（PPS）：GPS 时钟 1s 对设备对时 1 次。

（2）分脉冲（PPM）：GPS 时钟 1min 对设备对时 1 次。

（3）时脉冲（PPH）：GPS 时钟 1h 对设备对时 1 次。

脉冲对时方式的优点是可以获得较高精度的同步精度（ms 级及以上），对时接收电路比较简单；不足之处是从设备必须预先设置正确的时间基准。脉冲对时是一种常用的对时方式。

4.3.1.2 串行口对时

被对时设备（故障录波装置、微机保护装置）通过 GPS 时钟的串行口接收时钟信息，来矫正自身的时钟。对时协议有 RS232 协议、RS422/485 协议等。

授时装置的串行报文直接送至二次设备的专用授时端口，无脉冲校正。在授时装置报文输出稳定的前提下，二次设备采用特殊的报文传输迟延修正方式，在一定程度上满足时间同步的性能要求。该方式的通用性太差，在现场自动化系统二次设备中很少使用。但某些较老的故障录波装置与保护装置只支持此种方式对时。

4.3.1.3 IRIG-B 时钟码对时

IRIG-B（简称 B 码）是专为时钟串行传输同步而制定的国际标准，采用脉宽编码调制。同步时钟源每秒发出一帧含有秒、分、时、当前日期及年份的时钟信息。B 码对时方式融合了脉冲对时和串口对时的优点，具有较高的对时精度（μs 级）。因此，为最常用的对时方式，如果二次设备支持 B 码对时，一般采用此种方式。

4.3.1.4 网络对时

（1）传统网络对时（SNTP）：单纯采用授时装置的串行报文输出信号，送至 COM 或 REM 环节进行规约转换后，通过监控网络广播的方式送达各个二次设备 D。由于监控网络的任务多重性，难以保障授时装置 TIM 串行报文至设备 D 的实时性和稳定性，且各设备 D 的时间信息处理方式不尽相同，该方式既不能满足电网对子站的时间同步要求也不易满足站内二次设备之间的时间同步性能。因此，传统网络对时一般仅用于站控层设备包括远动、监控后台机的对时，不用于间隔层、过程层（智能站）设备的对时。

（2）IEC 61588 网络对时：一般用于智能站，对时精度可达到毫秒级以上，但设备成本高。

当前变电站间隔层、过程层（智能站）设备以 B 码对时为主，个别变电站采用 IEC 61588 网络对时方式，站控层设备采用 SNTP 网络对时方式。

4.3.2 对时系统配置

4.3.2.1 卫星钟配置

变电站应配置一套全站公用的同步时钟系统，主时钟应双重化配置，支持北斗系统和 GPS 系统单向标准授时信号，优先采用北斗系统，时钟同步精度和守时精度满足站内所有设备的对时精度要。

4.3.2.2 时区设置

我国处于东 8 区，即以北京时间为标准时间，因此牵涉时区设置时，均设为东 8 区。

4.3.3 对时系统故障排查

变电站发生对时异常情况主要包括对时源异常、对时线损坏、被对时设备设置不正确 3 个方面。

（1）对时源异常：核查同步时钟接收卫星信号是否稳定，且卫星接收个数不少于 3 个。一般通过观察运行灯、信号源指示灯等判断是否正常；或者人为将同步时钟系统时间设为错误时间，在规定时间内若时间能自动校正，则说明对时正常。

（2）对时线损坏：一般采用万用表量电平或者短接通断的方式确认。

（3）被对时设备设置不正确：根据实际对时方案的选择情况，检查远动装置、监控后台机、测控装置、保护装置等通信设置是否正确。

第5章　间隔层设备

综自系统间隔层设备是实现对一次设备控制与监测的核心设备，主要包括测控装置、继电保护装置等，通过电力电缆与过程层的高压一次设备二次机构、变送器等进行连接，实现或支持实现测量、控制、保护、计量、检测等功能，并通过以太网、现场总线、串口通信（RS232/422/485）等方式与站控层变电站监控系统（后台机）、数据通信网关机（远动机）进行通信。

本章主要从间隔层的不同结构以及测控装置的五大功能——交直流电气量采集、状态量采集、控制功能、对时和系统及通信功能进行介绍。

5.1　间隔层的不同结构

110kV 及以下综合自动化系统变电站的典型结构如图 5-1 所示，110kV 部分的间隔层设备中，测控装置和保护装置是各自独立的装置，一般部署在主控室或继电保护。35、10kV 部分的间隔层设备中，测控装置和保护装置是合并为同一个装置，即保护测控装置，主要是因为 35、10kV 的测量、控制以及保护功能相对简单，这也方便保护测控装置直接安装于断路器柜上方，接线快捷简单。第三方智能设备就是表计等设备。

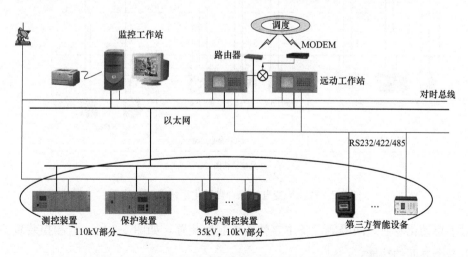

图 5-1　110kV 及以下变电站综合自动化系统典型结构图

220kV 综合自动化系统变电站的典型结构如图 5-2 和图 5-3 所示，测控装置和保护装置布置情况与 110kV 变电站相同，高压部分的间隔层设备中，测控和保护均为自独立的装置，35、10kV部分的间隔层设备中，测控装置和保护装置是合二为一，即保护测控装置。对于早期的综合自动化变电站中，保护装置不能直接与站控层设备直接进行通信需要通过保护管理机进行中转，增加一个环节，如图5-2（a）所示。随着计算机技术及通信技术的发展，保护装置功能进行了升级，增加了保护管理机与站控层的通信功能，去除了保护管理机环节，如图5-2（b）所示。

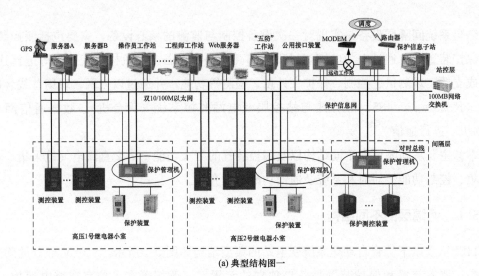

(a) 典型结构图一

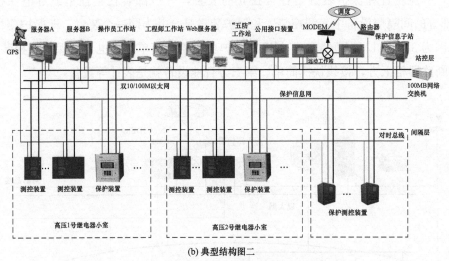

(b) 典型结构图二

图 5-2　220kV 变电站综合自动化系统典型结构图

对于自动化专业，间隔侧设备主要就是指测控装置，如图5-3所示。测控装置主要实现以下5个方面的功能：

（1）交直流电气量采集功能（即遥测）。通过接入电压、电流互感器二次侧，采集一次电网的交流电压、电流数据；直接接入变电站内直流系统的输出，采集直流电压数据；通过变送器采集主变压器挡位、变压器温度等模拟量。

（2）状态量采集功能（即遥信）。接入一次设备二次侧，采集断路器、隔离开关等一次断路器设备的分、合位置信息，保护装置动作时输出的保护动作、保护自检、装置告警、通信状态等信息，以及硬压板、故障录波等变电站内其他运行状态类信息。

（3）控制功能（即遥控）。通过接收站控层断路器、隔离开关的分、合命令，变压器挡位的升、降命令，实现远方控制一次设备的运行状态。同时考虑同期以及防误逻辑等。

（4）对时功能。接收变电站内同步时钟系统时间信号，实现装置的时间自动校对调整。

（5）系统及通信功能。对装置自身的运行状态进行监测，当装置运行产生异常，发出报警或故障信号；与站控层后台监控系统和数据通信网关机进行通信，发送遥测、遥信等数据信息，同时接收并执行站控层下发的遥控命令。

图 5-3　测控装置

5.2　交直流电气量采集

测控装置交直流电气量采集主要是测控装置显示的电压、电流、有功功率、无功功率、功率因数、温度等遥测数据。

5.2.1　电压作业注意事项

（1）电压外部回路问题的处理。判断电压异常是否属于外部回路的问题，可以将电压的外部接线解开，用万用表直接测量即可。

（2）内部回路问题的处理（包含端子排）。检查测控装置内部回路的问题的时候，首先要了解电压回路的流程，从端子排到空气断路器，再到装置背板。电压回路原理图及端子排接线图如图 5-4 所示。

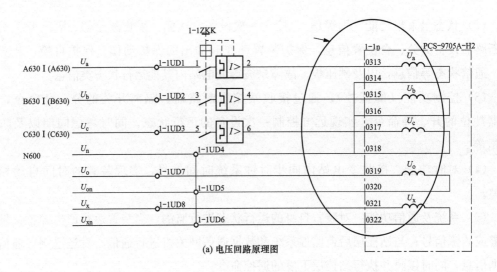

(a) 电压回路原理图

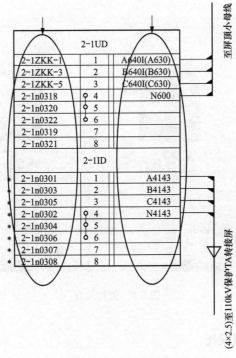

(b) 电压、电流端子排接线图

图 5-4　电压回路原理图及端子排接线图

1）端子排的检查。查看端子排内外部接线是否正确，是否有松动，在端子排接线位置是否压到电缆的表皮，是否存在接触不良（松动）的情况。

2）空气断路器的检查。现在的电压回路设计和早期的略有不同，为保证安全性，防止电压互感器二次侧回路发生短路，每一路电压进入测控屏柜后并不是直接接入测控装置，而是首先经过一个空气断路器，然后再从空气断路器另一侧接入测控装置，当空气断路器处于断开状态时，测控装置则无法采集实际电压值，电压采集发生异常。

3）测量回路的检查。对于测控屏柜而言，空气断路器将测控拼柜内电压回路分隔成两部分。一段是测量电压电缆接入端子排到空气断路器的上端，另一段是空气断路器的另一端到测控装置采集遥测的背板。首先，用万用表测量空气断路器两侧电压值，判断电缆回路上是否存在问题；其次，由于空气断路器另一端测量电压电缆接在端子排外侧，测控装置采集遥测背板测量电压电缆接在端子排内侧，在端子排上，通过连接片实现内外两侧回路连接，用万用表测量端子排内侧电压是否正常，防止因连接片松动导致虚连接。

（3）测控装置遥测背板问题的处理。当电压/电流采集不正确且判断出是遥测背板问题时，首先做好安全措施：对于电压而言，断开测量电压空气断路器，防止短路；对于电流，则须在端子排处将外部测量电流接线端子用短接片可靠短接，防止开路，然后可断开装置电源，经万用表、卡钳表测量确实无电压、电流进入测控装置背板后，方可更换遥测背板。对于不同厂家的测控装置，遥测模件可能会存内部参数配置，因此在更换前，先查看遥测模件相关参数定值，待新遥测模件更换后，参数设置与原定值一致。对于早期测控装置，因每个模件分别有不同的地址，所以在更换模件时，需要调整地址的拨码断路器，与原板上的地址设置相同。

（4）CPU模件相关问题。遥测背板将采集到的测量数值传送到CPU模件进行处理，最后测控装置对外输出遥测数值，因此，当遥测发生异常时，可能也会因为CPU软件运行异常或硬件损坏等问题导致，当确已查明电压回路和遥测背板模件正常时，可通过重启测控装置或更换CPU模件进行解决。CPU模件内部设置有定值及与站控层通信IP地址等，更换CPU之前，应先将其中定值参数导出或进行记录，待更换为新CPU模件后，重新输入固化定值参数，确保其功能正常。

5.2.2 电流作业注意事项

进行电流相关作业思路和流程，与电压作业基本一致，但因电流与电压各自特殊的物理属性：电流回路禁止开路，因电流测量回路属于高压电流互感器二次侧，当电流二次侧开路时，会产生高电压，造成人身伤害、设备损坏，测量电流使用的工具为卡钳表，而不是万用表直接点击测量，电流回路原理图如图5-5所示。在进行电流作业时需要注意以下4个方面。

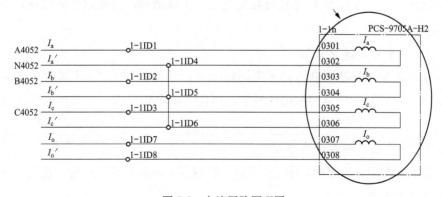

图 5-5 电流回路原理图

（1）外部回路问题的处理：判断电流异常是否属于外部回路的问题时，通过使用卡钳表直接测量，若无数值，则可判断为外部回路故障。

（2）内部回路问题的处理（包括测控屏柜内的端子排）：对测控屏上柜电流内部回路问题检查，根据电流回路的连接顺序，从端子排外侧到测控装置遥测背板。

1）端子排的检查。对于端子排，首先检查端子排的内外侧接线是否正确，防止相序、中性点 N 错位，再检查端子螺丝是否有松动，是否在端子内压接到电缆表皮导致接触不良等问题。

2）线路的检查：在端子排外侧，通过短接片把电流外部回路短接，断开端子排上内外连接片，再从端子排内侧，用外用表通断档位，测量端子排至遥测背板之间回路的通断，即可判断内部线路上是否存在问题。

（3）遥测背板问题的处理：遥测背板异常的处理方法同电压作业注意事项，唯一区别是，需要将电流回路在端子排外侧进行短接，防止开路。

（4）CPU 模件问题的处理：CPU 模件导致电流异常的原理与电压相同，处理方式与电压异常处理方式也相同，参照电压作业时 CPU 模件处理方式即可。

5.2.3 有功功率、无功功率、功率因数作业注意事项

监控系统中显示的有功功率、无功功率、功率因数，是测控装置根据采集到的电压、电流数值计算而来，不是直接采样获得的，因此不存在接线等回路相关问题。当电压、电流采样发生异常时，则有功功率、无功功率、功率因数也会相应发出异常，只需处理电压、电流问题即可。若电压、电流采样数值正确，而有功功率、无功功率、功率因数存在异常，则主要是以下两种情况导致。

（1）电压、电流相序错乱。正常运行电网高压系统，当电压、电流相序发生错乱时，仅从电压、电流数值上无法判断，但异常会通过有功功率、无功功率、功率因数反映出来，因此，当有功功率、无功功率、功率因数显示异常时，需要检查电压、电流接线是否存在相序上的错位情况。

（2）CPU 模件的问题。有功功率、无功功率、功率因数都是 CPU 根据采集到的电压、电流计算而来，若 CPU 软件运行异常或硬件出现故障，将导致计算错误，需要更换CPU 模件。

5.2.4 频率作业注意事项

电网系统的频率是随同电压的采集同时采集测量并通过 CPU 计算的，当电压采集出现异常时，频率则一般会同时出现异常，因此，频率相关作业可按照电压作业流程进行操作。

5.2.5 直流采集作业注意事项

温度直流采集回路原理图如图 5-6 所示。按照直流采集回路及过程，直流采集作业需要注意以下 4 个方面。

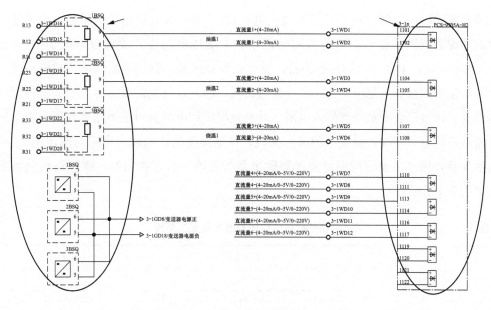

图 5-6　温度直流采集回路原理图

（1）外部回路的处理。对于输入的直流电压量，若输入的是变电站直流系统母线电压 0～220V，直接用万用表直流挡在测控屏柜端子排外侧测量；若输入的是变送器输出的 0～5V 直流电压，为防止干扰，在端子排外侧将接线解开，直接用万用表测量；若输入的

是变送器输出的 0～20mA 直流电流，可在端子排外侧，将万用表串接入测量回路进行测量。

（2）内部回路的处理（包括端子排在内）。测控屏柜内部直流回路处理，根据直流采集回路过程，从端子排到测控装置遥测背板逐一进行。

1）端子排的处理：对于端子排的检查，如同电压、电流回路处理方式，包括三点检查：①检查端子排内外两侧的接线是否正确；②检查是否接线存在松动；③端子排接线处是否压到电缆表皮，导致虚接等接触不良情况。温度直流采集端子排接线图如图 5-7 所示。

2）线路的处理：主要是检查线路是否存在断开点，在端子排处，断开直流采样的外部接线，用万用表测量从端子排外侧至直流采样背板处线路的通断情况，以此排除线路存在的问题。

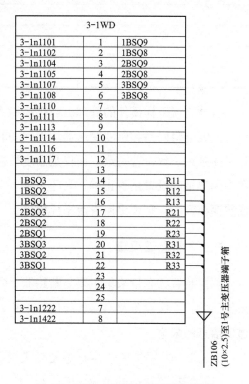

3-1WD		
3-1n1101	1	1BSQ9
3-1n1102	2	1BSQ8
3-1n1104	3	2BSQ9
3-1n1105	4	2BSQ8
3-1n1107	5	3BSQ9
3-1n1108	6	3BSQ8
3-1n1110	7	
3-1n1111	8	
3-1n1113	9	
3-1n1114	10	
3-1n1116	11	
3-1n1117	12	
	13	
1BSQ3	14	R11
1BSQ2	15	R12
1BSQ1	16	R13
2BSQ3	17	R21
2BSQ2	18	R22
2BSQ1	19	R23
3BSQ3	20	R31
3BSQ2	21	R32
3BSQ1	22	R33
	23	
	24	
	25	
3-1n1222	7	
3-1n1422	8	

图 5-7　温度直流采集端子排接线图

（3）变送器的处理。对于 0～5V 直流电压和 0～20mA 直流电流的采样，主要是主变压器的油温和绕组温度值，当前实际运行中，主变压器温度主要通过电阻值（Cu50 或 Pt100 热敏电阻）上送，至测控屏柜后，经过温度变送器，转变为直流电压或电流值。温度变送器依据测量的电阻值的大小转换为直流量，因此，首先需要将温度变送器外部电阻接线解开，用万用表测量外部输入电阻，并根据温度和电阻值对应关系，判断温度电阻回路是否存在问题；其次，温度电阻输入无误，依据温度变送器输入电阻与输出电压/电流的线性关系，用万用表测量温度变送器输出是否正确，若存在问题，则须更换温度变送器。如表 5-1 所示。

表 5-1   常用热敏电阻阻值与温度对照关系表

温度（℃）	Cu50（Ω）	Pt100（Ω）
0	50.0	100
10	52.14	103.9
20	54.28	107.79
30	56.42	111.67
40	58.56	115.54
50	60.70	119.40
60	62.84	123.24
70	65.98	127.07
80	67.12	130.89
90	69.26	134.70
100	71.4	138.50

（4）直流采样模块的处理。当已经检查确认 0～5V 直流电压和 0～20mA 直流电流回路、温度电阻回路和温度变送器均无问题时，查看测控装置液晶屏显示直流采样数值与实际采样是否一致，若一致，而仅是温度数值显示不正确，则须查看测控装置中直流测量参数中偏移量的设置是否正确；若不一致，为防止 CPU 模块问题，可先重启测控装置，若依然存在问题，则须更换直流采样模块。

5.3 状态量采集

测控装置状态量采集主要是断路器、隔离开关等一次断路器设备的分、合位置信号的采集，一、二次设备及回路告警信号采集，本体信号采集、保护动作信号和变压器档位等遥信信息的采集。

5.3.1 测控装置采集状态量信息的主要流程

（1）测控装置提供直流 110V（＋110V 或－110V）直流遥信电源，被采集状态信息的机构或设备提供一对常开或常闭的状态接点，该接点串接入遥信检测回路，一端通过二次电缆接入遥信110V的正电，另一端通过电缆接至测控屏柜的遥信端子排，通过遥信端子排内侧配线，接入测控装置的遥信采集背板。

（2）测控装置通过检测遥信接点的电位（+110V或-110V），通过CPU处理，将有电位的遥信信号定义为逻辑状态"1"，否则为状态"0"，变电站监控系统及调度系统，根据遥信的逻辑状态实现对变电站设备状态监测。被采集的装置或机构有多个状态信息时，这些接点的其中一端短接在一起作为公共端，只需从测控装置引入一个遥信电源即可，节省电缆。

（3）针对测控装置对于状态量的判断依据，遥信又分为单点遥信和双点遥信，一般的遥信信号均为单点遥信，即测控装置通过单个遥信接点的电位信息即可判断其逻辑状态，当测控装置检测到电位存在时，则判定的逻辑状态为"1"，否则CPU判定为逻辑状态"0"；双点遥信主要是用于采集断路器和隔离断路器（隔离开关）的位置信息，双点遥信需要两对常开或常闭的接点，接线较单点遥信要复杂，但可靠性高。其中一对接点反应分位状态，另一对反应合位状态，测控装置检测"Y（合位）X（分位）"双位状态，当状态为"01"时，为分位，"10"为合位，其余为无效状态。

5.3.2　信号状态异常作业时注意事项

对于遥信信号状态发生异常时，首先要理清思路，从"外"到"内"，逐层逐段分析处理，才能高效准确的查出问题根源，进而针对性进行处理，遥信信号原理图如图5-8所示。

（1）遥信电源问题的处理。根据遥信信号采集过程及原理，当遥信信号状态异常时，首先应该检查是否是由遥信电源引起，遥信电源一旦失去，测控装置采集到的状态均为"0"。查看遥信电源空气断路器是否推上，然后使用万用表测量端子排上公共端位置，遥信电源是否失去及电压是否正常，排除遥信电源问题。

（2）外部回路问题的处理。判断遥信信号状态异常是否属于外部回路的问题，用万用表直接测量遥信信号端子排外侧对地电位，若电位与设备状态实际相符，则排除外回路问题；若不符，则将外部接线解开，进一步测量，判断是否为外部回路问题。

（3）内部回路问题的处理（包含端子排）。根据遥信信号采集回路及流程，对于内部回路检查，首先外观检查端子排内外侧接线是否正确，根据图纸核对信号线号头接入的端子排号，检查端子排接线是否松动，是否压接到电缆表皮导致接触不良。遥信信号端子排接线图如图5-9所示。其次检查线路，将外部遥信信号线在端子排外侧解开，使用万用表测量端子排至遥信采集背板回路是否存在断点，排除线路回路的问题。

（4）遥信采集背板的处理。当确认回路不存在问题时，检查遥信采集背板是否损坏，查看测控装置液晶屏采集到的遥信状态与实际状态是否一致，若不一致，则存在问题，进行换遥信采集背板更换，更换时，首先记录原遥信采集背板内部设置的参数，然后断开测控装置电源及遥信电源，更换背板完成后，回复相应参数设置。

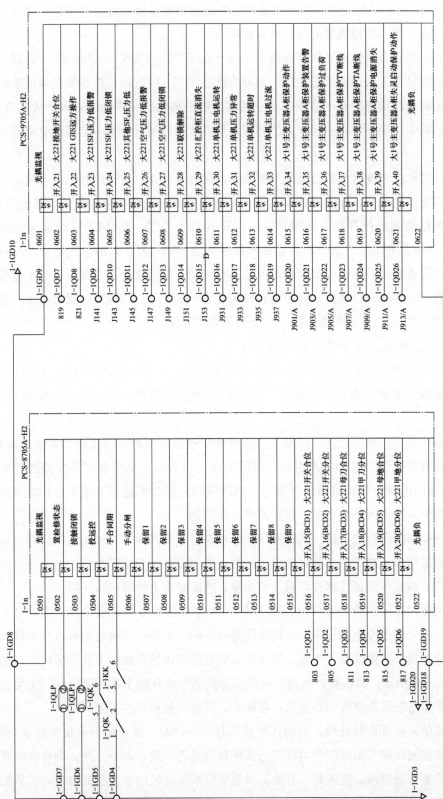

图5-8 遥信信号原理科

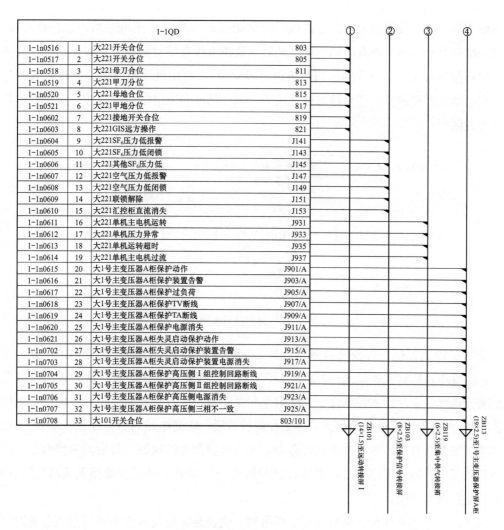

1-1QD			
1-1n0516	1	大221开关合位	803
1-1n0517	2	大221开关分位	805
1-1n0518	3	大221母刀合位	811
1-1n0519	4	大221甲刀分位	813
1-1n0520	5	大221母地合位	815
1-1n0521	6	大221甲地分位	817
1-1n0602	7	大221接地开关合位	819
1-1n0603	8	大221GIS远方操作	821
1-1n0604	9	大221SF$_6$力力低报警	J141
1-1n0605	10	大221SF$_6$压力低闭锁	J143
1-1n0606	11	大221其他SF$_6$压力低	J145
1-1n0607	12	大221空气压力低报警	J147
1-1n0608	13	大221空气压力低闭锁	J149
1-1n0609	14	大221联锁解除	J151
1-1n0610	15	大221汇控柜直流消失	J153
1-1n0611	16	大221单机主电机运转	J931
1-1n0612	17	大221单机压力异常	J933
1-1n0613	18	大221单机运转超时	J935
1-1n0614	19	大221单机主电机过流	J937
1-1n0615	20	大1号主变压器A柜保护动作	J901/A
1-1n0616	21	大1号主变压器A柜保护装置告警	J903/A
1-1n0617	22	大1号主变压器A柜保护过负荷	J905/A
1-1n0618	23	大1号主变压器A柜保护TV断线	J907/A
1-1n0619	24	大1号主变压器A柜保护TA断线	J909/A
1-1n0620	25	大1号主变压器A柜保护电源消失	J911/A
1-1n0621	26	大1号主变压器A柜失灵启动保护动作	J913/A
1-1n0702	27	大1号主变压器A柜失灵启动保护装置告警	J915/A
1-1n0703	28	大1号主变压器A柜失灵启动保护装置电源消失	J917/A
1-1n0704	29	大1号主变压器A柜保护高压侧Ⅰ组控制回路断线	J919/A
1-1n0705	30	大1号主变压器A柜保护高压侧Ⅱ组控制回路断线	J921/A
1-1n0706	31	大1号主变压器A柜保护高压侧电源消失	J923/A
1-1n0707	32	大1号主变压器A柜保护高压侧三相不一致	J925/A
1-1n0708	33	大101开关合位	803/101

① ZB101 (14×1.5)至远动转接屏Ⅰ
② ZB103 (8×2.5)至保护信号转接屏
③ ZB119 (6×2.5)至集中继气体转接箱
④ ZB113 (19×2.5)至1号主变压器保护屏A柜

图 5-9　遥信信号端子排接线图

5.3.3　遥信信号抖动的处理

变电站现场电磁干扰较强，环境复杂，遥信信号很多需要从室外高压设备的机构箱或汇控柜通过二次电缆传到控制室，接入测控装置，遥信信号电缆可能会受到电磁干扰出现瞬间抖动的现象，若不进行处理，可能会被测控装置检测到而造成误遥信。当前通常从硬件和软件两方面来避免遥信信号抖动：①测控装置遥信采集背板上信号采集弱电回路设计上，滤除抖动；②通过测控装置中防抖时间设置，从软件层面去除抖动信号。

5.4　控制功能

控制功能实现了变电站后台监控系统和调度对变电站一次设备的操作控制，是变电站自动化系统中一个极为重要的部分。遥控对象主要是断路器、隔离断路器（隔离开关）、主变压器挡位，随着调度系统的功能需求，测控装置及保护装置中的功能软压板已经逐渐实现了遥控功能。遥控命令是一个双向交互的通信过程，变电站后台监控系统/调度下发控制命令后，测控装置对遥控命令的执行过程如图 5-10 所示。变电站后台监控系统/调度下发控制命令执行环节略有区别，变电站后台监控系统直接对测控装置发出命令，而调度需要先将控制命令发送至数据通信网关机（远动机），再由远动机发送给测控装置，这是因为变电站对调度的通信都要通过远动机来实现，调度和变电站后台监控系统遥控过程及逻辑并无区别。

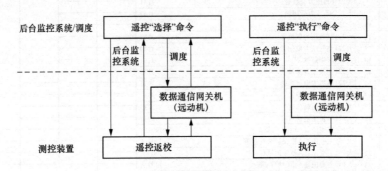

图 5-10 遥控执行示意图

从图 5-10 遥控执行过程可以看出，从遥控命令发出到遥控命令执行结束，分为 3 个过程：①变电站后台监控系统/调度下发控制命令，即遥控选择阶段，该阶段测控装置接收到遥控选择命令后，进行本命令操作对象相关逻辑校验；②校验通过后，向变电站后台监控系统/调度发出返校成功信息，即遥控返校阶段；③变电站后台监控系统/调度接收到站端返校成功信息后，下发遥控执行命令，测控装置则直接执行返校后的遥控命令，即遥控执行阶段。并通过遥信信号，将遥控执行结果上传至变电站后台监控系统/调度，一个完整的遥控命令结束。

因此，从上述遥控命令执行过程分析可知，测控装置遥控异常主要是测控装置对遥控选择、遥控返校、遥控执行命令 3 个过程的异常。以某 220kV 高压侧遥控为例，其遥控原理图如图 5-11 所示。

5.4.1 遥控选择作业注意事项

调度遥控命令执行中，比变电站后台监控系统多经过远动机这道环节，远动机属于站控层设备，现仅对间隔层设备，即测控装置可能存在的问题进行分析。遥控选择后若测控装置无任何反应，则说明对于本控制对象的遥控选择失败，可以从以下两个方面进行处理。

（1）测控装置控制状态处于就地位置。测控屏柜或测控装置面板上装有"远方/就地"控制切换把手，用于控制方式的选择。"远方/就地"切换到"远方"时，则测控装置可以接受站级后台遥控、调度远端遥控；切换到"就地"时，则测控装置只能在测控屏柜上进行就地操作，同时测控装置不再接收上级遥控命令，出现遥控选择失败。

（2）CPU 模块处理。测控装置 CPU 模块长时间运行可能会出现程序运行异常情况，首先做好安措，尝试重启测控装置，若重启后仍遥控选择失败，则须更换 CPU 插件。

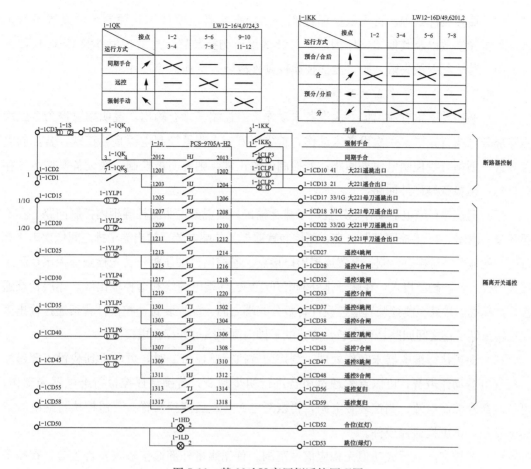

图 5-11　某 220kV 高压侧遥控原理图

5.4.2　遥控返校作业注意事项

测控装置在接受遥控过程中，在遥控选择成功后，将会向变电站后台监控系统/调度发出返校信息。测控装置返校出现问题时，主要从下面 3 个方面进行处理。

（1）"五防"逻辑闭锁。测控装置可以通过人工设置"五防"规则，用于间隔层"五防"闭锁，遥控选择阶段不进行"五防"规则校验，当遥控操作不满足"五防"规则时，虽然遥控选择成功，但在遥控返校阶段则会出现失败，闭锁遥控操作。可通过测控装置前面板上的"联锁/解锁"切换断路器，选择是否设置"五防"。"联锁/解锁"断路器切换到"联锁"位置，则在遥控操作时自动检查核对逻辑闭锁条件；切换到"解锁"位置，则遥控校验过程中不核对逻辑闭锁。

（2）测控装置操作时间间隔的闭锁。一次设备短时间内的频繁操作有可能会造成操作线圈过热而损坏操作机构，同时对一次设备本身也有一定的冲击，因此，为防止一次设备发生不必要的损坏，测控装置的操作时间间隔一般设置有定值，一般为 30s，30s 内只能进行一次遥控操作，若 30s 内多次操作，第一次遥控命令执行结束后，其余遥控操作均被闭锁，即遥控返校不成功。

（3）遥控模件处理。首先根据遥控原理图，查看遥控模件中相关参数的设置是否正确，若排除参数以及其他闭锁原因后，可尝试重启测控装置，对遥控模件及 CPU 模件进行复归，若依然返校失败，则可能遥控模件硬件故障，更换遥控模件。

5.4.3　遥控执行作业注意事项

（1）遥控端子排有输出但一次设备未动作。遥控端子排有输出，说明本遥控命令二次回路部分已执行完毕，一次设备未动作，首先用万用表测量控制电源是否正常，若控制电源异常，则须查找控制电源外回路；若控制电源正常，则说明被控一次设备操作结构存在异常，须检查操作外回路。

（2）遥控执行继电器动作但遥控端子排无输出。此现象说明测控屏柜内控制回路存在不通环节，由图 5-11 遥控原理图可知，测控装置遥控公共端电源至输出端子排之间依次串接有"远方/就地"一对接点、测控装置遥控出口接点、遥控出口硬压板，首先检查遥控出口赢压板是否投入，若确已投入，在端子排外侧解开遥控公共端电源线和遥控输出线，逐层检查遥控公共端端子排处至测控装置遥控模件背板公共端之间、测控装置遥控模件背板遥控输出至遥控输出端子排之间回路是否连通，防止端子排内侧配线等处存在虚接。

（3）遥控执行继电器未动作处理。测控装置执行遥控命令时，可以听到装置内部遥控执行继电器动作声音，可以首先通过声音进行初步判断，若确认遥控执行继电器未动作，可依次断开控制电源、测控装置电源，再恢复电源，重启测控装置；若遥控执行继电器依然未动作，则更换遥控模件。

（4）遥控实际执行成功但无相应信号范围。首先测量外部遥信输入是否正常，在端子排外侧解开遥信输入线，用万用表测量其电位是否与实际状态一致，若不一致，则须检查外部回路，包括一次设备的辅助触点等；若正常，则按照状态量采集作业注意事项进行相应检查处理。

5.5　对时

在变电站监控系统中，间隔侧设备时间的准确性十分重要，保护动作事件和事件顺序记录（SOE）报文中附带的时标，是判断事件产生先后的有力判据，尤其是变电站内发生事故时，事件报文中的时标信息是准确分析事故原因的重要支撑。变电站综合自动化系统发展初期，间隔层设备对时主要采用软件对时，远动机通过间隔层网络，定时向间隔层设备发送时钟信号，间隔层设备据此完成对时功能，但随着设备的运行发现，软对时误差较大，且当前变电站已实现调度集中监控，间隔层装置时间的准确性对于无人值班变电站而言尤为重要，因此，随着技术的不断完善，当前综自系统主要采用硬件对时，实现变电站监控系统时间的精准性。

随着我国北斗技术的快速发展及成熟，当前变电站同步时间以北斗时间信号为主时钟的外部时间基础信号，以 GPS 时间信号作为备用。各时钟厂家提供的授时方式有硬对时、

NTP 网络对时、软对时、编码对时等方式，本节主要介绍变电站常用的编码对时和 NTP 网络对时这两种授时方式。

5.5.1　编码对时注意事项

编码时间信号有多种，当前变电站同步时钟系统主要采用 IRIG（inter-range instrumentation group），IRIG 串行时间码又分为 6 种格式：A、B、D、E、G、H，其中，B 码被广泛应用，有调制和非调制两种。调制 IRIG-B 输出的帧格式时每秒输出 1 帧，每帧 100 个代码，包含有秒段、分段、小时段、日期段等信号；非调制 IRIG-B 信号是一种标准的 TTL 电平，用在传输距离不大的场合。

当前间隔层测控装置和保护装置，普遍采用 IRIG-B 方式与变电站同步时钟系统进行对时，实现高精度对时。当 IRIG-B 码对时发生异常时，主要从以下两个方向进行处理：

（1）测控装置对时接点接线处理。IRIG-B 码对时线有两芯："＋""－"，接线时对时线 "＋""－" 应分别与测控装置的对时接点的 "＋""－"，否则无法对时。

（2）测控装置对时参数设置。由于授时方式较多，综自厂家为保证各自测控装置对时的灵活性，在测控装置内部定值中，需要选择设定 "IRIG-B 码对时"，同时，早期测控装置模件上设有硬件拨码断路器，根据对时方式拨至对应码位，否则无法实现对时。

5.5.2　NTP 网络对时注意事项

NTP（network time protocol）是用来使计算机时间同步化的一种协议，该协议能够使计算机对其服务器或时钟源进行同步化，提供高精准度的时间校正（LAN 上与标准时间差小于 1ms，WAN 上小于几十毫秒），并且可以通过采用加密确认的方式进行恶毒的协议攻击防范，主要用于变电站监控后台机、工程师站、电厂的 MIS 系统等需要网络对时的系统对时。

一般站控层远动机采用 IRIG-B 码对时方式与站内同步时钟系统进行对时，远动机作为后台机的对时源，将其 IP 地址设置为监控后台机 NTP 网络对时方式下对时源的地址，实现后台机的对时。

5.6　系统及通信功能

测控装置是以变电站一次设备间隔为单位进行配置的，对该间隔进行监控，如一条高压线路、母联断路器等，除主变压器外，一次设备间隔均是单台测控装置配备，对于主变压器，在同一测控屏柜内，主变压器各侧分别配置一台测控装置，即高、中（若无中压侧则不配置）、低三侧，同时主变压器本体单独配置一台主变压器本体测控装置。测控装置采集本间隔的实时数据信息，又可与间隔层其他设备（如保护装置等）进行通信，通过以太网与上级站控层系统进行信息交互，构成了面向对象的分布式变电站监控系统。

测控装置本身系统及通信功能异常，主要是指测控装置运行、输入/输出模件（DI/DO 模件，即遥信模件和遥控模件）、装置系统内部配置以及通信等功能的异常。

5.6.1　测控装置的异常现象

测控装置的软件或硬件系统一旦发生异常，无论是内部的系统功能异常还是通信接口（主要是以太网接口）异常，都会在测控装置前面板的告警指示灯进行显示，亮起红灯。

测控装置前面板一般配备有两个 LED 灯，一个是运行指示灯，装置正常运行时，该灯亮，为绿色，不同厂家对该运行指示灯点亮方式有常亮和间隔 1s 闪烁两种方式；另一个是报警指示灯，一旦发生异常，该灯被点亮为红色，主要有以下 4 种情况。

（1）以太网网卡故障。为满足变电站通信的可靠性，即双网通信，一主一备，测控装置配置至少配备两个以太网通信网卡，任何一个网卡发生故障，则报警灯亮。

（2）输入/输出模件故障。测控装置用于采集遥信的输入模件和遥控控制的输出模件出现异常时，报警灯亮。

（3）测控装置内部程序配置错误。装置内部程序配置错误时，则报警灯亮。

（4）测控装置电源模件异常。装置电源为单独模块，且 CPU 对其进行状态监测，当电源出现异常时，报警灯亮。

5.6.2　测控装置的异常处理

上述测控装置发生的异常情况，针对具体情况，从下面 4 个方面进行一一处理。

5.6.2.1　以太网网卡故障

网卡出现异常，主要分为外部和内部两大原因。

1. 外部原因

（1）检查外部网线接头是否存在松动导致接触不良。

（2）使用网线测试仪测试网线中间环节是否存在内部线芯中断。

（3）根据网口分配情况，是否存在 A、B 网口接反或与其他装置接错。

2. 内部原因

（1）检查 CPU 通信参数中，本测控装置 IP 及相应网关、路由设置是否正确。

（2）断开装置与外部网线连接，使用笔记本等工具对网卡进行测试，若确认网卡损坏，则须更换 CPU 模件（因网卡在 CPU 模件上）。

5.6.2.2　输入/输出模件故障

对于单独的输入模件，首先挑选其中一路输入，解开对应端子排处外部接线，人为接入电位信号，若测控装置显示无输入，则进一步检查该模件的地址等参数设置是否正确，若正常，则须更换该模件。

对于单独的输出模件，类似输入模件处理方法，挑选其中一路输出，通过在侧装装置上模拟遥控进行开出检测，解开该开出对应端子排处外部接线及公共端，使用万用表测量是否有输出，若无输出，检查其参数设置，若无误，则更换输出模件。对于输入、输出合并为一个模件的处理方式同上，在此不再赘述。

5.6.2.3　内部程序配置错误

内部程序配置检查，通过各自厂家组态工具与测控装置进行连接，该通信口一般在装置前面板上，为串口通信。通过组态工具上装测控装置已配置程序，进行人工检查校核，根据现场实际完善后重新下装，并重启装置。由于此过程较为复杂，不建议轻易修改下装装置内部程序。

5.6.2.4　电源模件异常

对于测控装置电源的检查，可使用万用表直接测量电源模件上输出的各路电压（±24、+5V等），若输出均不正常，可断开装置电源，抽出电源模件，查看其电源输入端的保险是否正常，若保险损坏，则在检查确认电源模件内部无短路后，更换保险即可；若只存在个别输出不正常，则须更换电源模件。

第6章 具体工作实例

本章结合现场工作实际，从变电站内间隔通信中断、遥信和遥测故障、遥控故障、对时故障、与调度通信故障、变电站交流采集校验6个主要方面的具体实例进行讲解介绍。

6.1 站内间隔通信中断

实例：某220kV综自变电站，站控层双网配置，监控主机及调度主站均报出，某线路测控装置A网中断。

处理方法：

（1）经查看，调控主站和监控主机上都可以看到此测控装置A网中断，B网正常，且其他设备A网正常，表明测控装置存在故障，或者站控层交换机至此测控装置间存在中断。

（2）检查此测控装置的A网口IP地址等参数设置，发现参数设置正确。

（3）对此测控装置至站控层A网交换机的网络连接检查包括以下3步：

1）检查测控装置与交换机网口连接状况，保证网口正常连接，经检查正常。

2）检查站控层A网交换机网口连接状况，保证网口正常连接，经检查正常。

3）用网线测试仪测试网线通断情况，发现网线存在断线情况，重新做两侧网线水晶头，再次测试后，网线恢复正常，此故障为网线水晶头内部压接存在断线。

6.2 遥信和遥测故障

实例1：某110kV综自变电站，110kV某线路侧隔离开关位置信号与实际不符，实际为合闸位置，监控主机及调度主站显示为分闸位置。

处理方法：

（1）经核对图纸，该隔离开关位置信号电缆接线正常，用万用表测量端子排外侧该隔离开关位置信号电缆电位，无电位，且该线路间隔遥信电源正常，初步判断为外回路故障；进一步在端子排处将隔离开关位置信号电缆解开，经测量，确无电位，判断该隔离开关位置外回路故障。

（2）在该110kV线路间隔汇控柜处，在端子排内侧测量该隔离开关位置信号电位，无电位，且该隔离开关接点电源公共端电位正常，判断为该隔离开关辅助接点故障，需更换隔离开关位置辅助接点。

实例2：某110kV综自变电站，110kV东母母线测量电压监控主机及调度主站显示异常，线电压正常，A、B、C三相分相电压异常。

处理方法：

（1）根据图纸，东母测量电压接线正确，用万用表测量端子排外侧分相测量 A、B、C 三相对中性点 N600 电压为 60.6、60.5、60.5V，测量正常；可判定为测控屏柜内接线或测控装置异常。

（2）进一步用万用表测量测控装置遥测背板处，东母 A、B、C 三相对中性点 N600 电压，分别为 38V、95V、54V，进一步测量三相线电压，U_{ab}、U_{bc}、U_{ca} 分别为 105.2V、105.1V、105.1V，可判定东母测量电压空气断路器至测控装置背板处中性点 N600 存在虚接，经检查，测控装置遥测背板接线正常。

（3）分段测量检查端子排处至东母测量电压空气断路器上端、东母测量电压空气断路器下端分相电压，发现东母测量电压空气断路器下端分相电压异常，进一步检查空气断路器 N600 接线发现，N600 线松动，重新接入后，东母母线测量电压恢复正常。

6.3　遥控故障

实例：某 110kV 综自变电站，扩建一条 110kV 线路间隔，调试时发现，监控后台机无法遥控该线路断路器合闸。

处理方法：

（1）尝试在测控装置上，将"远方/就地"把手打至"就地"位置，通过手动操作把手，手动进行控分、控合操作，断路器不动作，遥控失败，初步判断为回路存在异常。

（2）检查测控屏柜下方该断路器控制合闸压板已投入，在测控屏柜后面，通过万用表测量该断路器控制电源对地电压，正常；首先检测遥控外回路是否正常，在端子排外侧，用过短接线，短接该断路器控制电源与合闸出口电缆，断路器正常跳闸，可判断控制外回路正常，判断测控屏柜内控制回路存在问题。

（3）在端子外侧，解开控制电源线，分段测试控制电源至测控装置背板处、测控装置背板至出口端子排处回路通断，发现测控装置背板至出口端子排处回路不通，进一步核对图纸，并将遥控压板标签拆除发现，遥控控分、控合压板标签贴错，控分、控合压板使用颠倒，调试控合时，实际投入的压板为控分压板，重新打印粘贴压板标签，投入控合出口压板，监控后台正常控制该断路器。

6.4　对时故障

实例：某 110kV 综自变电站，全站间隔层装置的时间快 24h。

处理方法：

（1）根据现象，全站间隔层时间都快了 24h，为共性问题，可判断同步时钟系统时间快了 24h，同步时钟系统存在问题。

（2）查看同步时钟系统，同步时钟装置时间确实快 24h，经同步时钟系统厂家检查系统程序发现，2012 年为闰年，该厂家的下装至装置内的程序未进行处理，实际运行中，2月29

日变为 3 月 1 日，因此时间快 24h，经处理，重新下装程序，对时系统恢复正常。

6.5 与调度通信故障

实例：某 110kV 综自变电站，频繁发生远动机与调度通信中断情况。

处理方法：

（1）与调度自动化联系，调度端通过 PING 操作，无法 PING 通远动机，但 PING 站端网关则正常，初步判断站端通信存在问题。

（2）在变电站端，使用监控后台机进行 PING 操作，能够 PING 通远动机，说明站控层通信正常，进一步 PING 站端网关，则无法 PING 通，可判定变电站端，站控层至调度交换机之间存在异常。

（3）通过分析站控层至调度交换机之间通信环节，站控层交换机→纵向加密装置→调度实时交换机，判断通信问题存在纵向加密装置环节，经调度端检查发现，纵向加密装置通信参数配置不正常，经修改后，站端与调度通信恢复，且未发生频繁中断情况。

6.6 变电站交流采集校验

变电站交流采集校验简称交采校验，分为两种校验方式：①测控装置的现场校验，即实负荷校验法；②测控装置的现场检验，即虚负荷校验法。

6.6.1 现场校验（实负荷校验法）

实负荷校验法是通过使用标准测量装置对现场运行的交流采样测量装置，即测控装置，实施在运行工作状态下的实负荷在线测量比较。这种在线比较是在当前运行负荷时的测试。考虑到交流采样测量装置的工作原理及电力系统运行特点，即交流采样测量装置采集值与标准装置上的显示值不同步及实际负荷不断变化的特点，实负荷校验是一种较虚负荷检验粗大的比较，标准测量装置本身不提供标准电流电压源。

校验的数据仅仅反映交流采样测量装置当前负荷时的误差。现场校验电流、电压（频率）回路接线原理图如图 6-1 和图 6-2 所示。

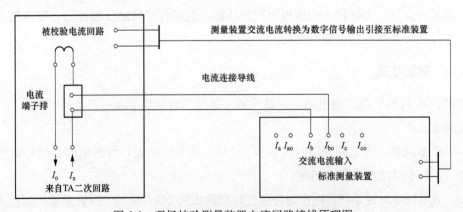

图 6-1 现场校验测量装置电流回路接线原理图

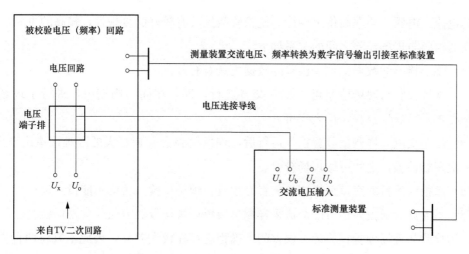

图 6-2　现场校验测量装置电压（频率）回路接线原理图

实负荷校验的记录方式如表 6-1 所示。

表 6-1　　　　　　交流采样测量装置现场在线校验原始记录　　　　　　编号：

电站名称：_____　　试验日期：___年___月___日

安装位置：_____　设备名称：_____　出厂编号：_____

制造厂：_____　型　号：_____　等　级：_____

变　比：TV_____V TA_____A　测量范围：_____　输出范围：_____

环境温度：_____℃　相对湿度：_____%　标准器型号：_____有效日期_____年___月___日止

试验项	序号	示值		示值		示值		备 注
		被检表	标准表	被检表	标准表	被检表	标准表	

结论：

试验负责人：　　检验参加人：　　核验人：　　填写人：

6.6.2　现场检验（虚负荷校验法）

虚负荷校验法是通过使用标准测量装置对现场运行的测量装置实施在离线状态下的虚负荷检验。由于标准测量装置的电流、电压源有着严格的技术指标，特别是标准测量装置提供的电流、电压、功率高稳定性能，使检验数据具有较好的复现性，较高的可靠性。

现场检验与现场校验之间的关系如下。

（1）现场检验的数据比现场校验的数据更具有有效性。

（2）现场校验与现场检验可以相互交替进行，即：在同一周期内，进行了现场校验后，不必再进行现场检验，反之亦可。

（3）由于交流采样测量装置投入运行后，现场检验会有相当大的困难，建议至少每3年做一次现场检验，之间可做现场校验。

（4）新投入运行的交流采样测量装置必须进行现场检验，否则不能投入运行。

（5）不允许对新投入运行的交流采样测量装置用现场校验方法代替现场检验。

现场检验与现场校验在原理、误差的准确程度存在较大差异，因此不宜将两种方法统一、不能混为一谈。

现场检验电流、电压（频率）回路接线原理图如图 6-3 和图 6-4 所示。

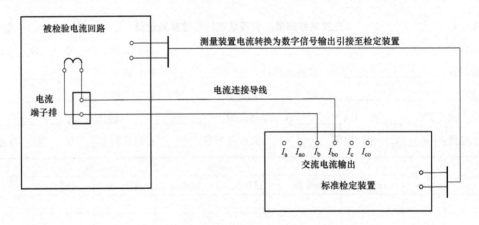

图 6-3 现场检验测量装置电流单元接线原理图

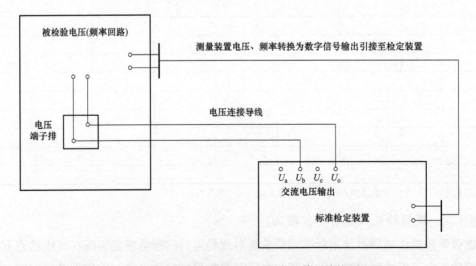

图 6-4 现场检验测量装置电压（频率）单元接线原理图

虚负荷校验的记录方式如表 6-2 所示。

表 6-2 交流采样测量装置现场离线检验原始记录 编号：

电站名称：＿＿＿＿＿＿＿＿＿＿＿＿＿＿＿＿＿ 试验日期：＿＿＿年＿＿＿月＿＿＿日

安装位置：＿＿＿＿＿＿＿＿＿ 设备名称：＿＿＿＿＿＿＿＿ 出厂编号：＿＿＿＿＿＿＿＿＿

制造厂：＿＿＿＿＿＿＿＿＿ 型 号：＿＿＿＿＿＿＿ 等 级：＿＿＿＿＿＿＿＿

变 比：TV＿＿＿V TA＿＿＿＿A 测量范围：＿＿＿＿＿＿＿ 输出范围：＿＿＿＿＿＿

环境温度：＿＿＿℃ 相对湿度：＿＿＿％ 标准器型号：＿＿＿有效日期＿＿＿年＿＿月＿＿日止

量程	输入标准值（A）	计算机显示值（kA，一次值）			标准值 Hz	计算机显示值	量程	标准值	计算机显示值
		I_a	I_b	I_c	45			0°	
					47			30°	
					49			60°	
A					50		$\cos\varphi$ 57.74V 5A	90°	
					51			270°	
					53			300°	
					55			330°	
	最大误差								

量程	输入标准值（V）	计算机显示值（kV，一次值）					
		U_a	U_b	U_c	U_{ab}	U_{bc}	U_{ca}
相电压 V 三相四线							
	最大误差						

量程	输入标准值（W/var）	计算机显示值（MW，一次值）		计算机显示值（Mvar，一次值）	
		正向（＋）	反向（一）	正向（＋）	反向（一）
三相四线 V A					
60°/30°					
300°/150°					

最大误差					
计算机最大误差:	V	A	Hz	W	var
结论:					
备注:					

试验负责人：　　　检验参加人：　　　核验人：　　　填写人：

注 1：电压检验点为：0、80%U_n、90%U_n、100%U_n、110%U_n、120%U_n（U_n——标称电压值）。

注 2：电流检验点为：0、20%I_n、40%I_n、60%I_n、80%I_n、100%I_n、120%I_n，（I_n——标称电流值）。

注 3：功率检验点为：（在施加标称电压值条件下）：

$\cos\varphi=1$（$\sin\varphi=1$），电流变化点为：0、20%I_n、40%I_n、50%I_n、60%I_n、80%I_n、100%I_n、120%I_n。

$\cos\varphi=0.5$（L）或 $\sin\varphi=0.5$（L），电流变化点为：0、100%I_n。

$\cos\varphi=0.5$（C）或 $\sin\varphi=0.5$（C），电流变化点为：0、100%I_n。

注 4：频率检验点为：标称频率值（50Hz）、标称频率值的±0.5Hz、标称频率值的 1Hz、标称频率值的±2Hz。

注 5：功率因数检验点为：1、0.866（L）、0.5（L）、0.866（C）、0.5（C）。

注 6：数据记录中，遥测量仅列出 U_a、U_b、U_c，其他被检验遥测量应依此列出。

6.6.3　技术参数

1. 基本误差

交流采样检定装置在参比条件下工作时，其基本误差不应超过表 6-3 的规定。

表 6-3　　　　　　　　　　　　交流采样测量装置的基本误差

误差极限	±0.1%	±0.2%	±0.5%
等级指数	0.1	0.2	0.5

2. 变量

交流采样检定装置由影响量引起的以等级指数的百分数表示的改变量应不超过表 6-4 的规定。

表 6-4　　　　　　　　　　　影响量的标称值使用范围和允许的改变

影响量		标称值使用范围极限	允许改变量（以等级指数百分数表示）
环境温度		−5～45℃（室内）	100%
被测量的不平衡度		断开一相电流	100%
被测量频率		45～55Hz	100%
被测量的谐波含量		20%	200%
被测量的功率因数	感性	0.5>$\cos\varphi$（sin）φ≥0	100%
	容性	0.5>$\cos\varphi$（sin）φ≥0	100%
工作电源		+20%～−20%	50%
被测量的输入电压（电压、电流量除外）		80%～120%	50%
被测量的输入电流（只对功率因数、相角量试验）		20%～120%	100%

续表

影响量	标称值使用范围极限	允许改变量 （以等级指数百分数表示）
被测量的超量限值	120%	50%
被测线路间的相互作用	见 6.4.9	50%
自热	1～3min 和 30～35min 之间测量的两个误差的差	100%

6.6.4　工作危险点分析与预防性措施对策

1. 危险因素

（1）现场不戴安全帽，不穿绝缘鞋可能会发生人员伤害事故。

（2）工作现场不设遮栏或围栏，工作人员进行现场可能会走错间隔及误操作其他运行设备。

（3）被检的交流采样装置在进行试验时，对自动化装置是否有影响？

（4）变更接线时，不断开输出电源，可能会对工作人员造成伤害。

（5）专用导线未进行临时固定，可能会脱落，造成运行设备事故。

（6）校验装置的电源断路器，应使用具有明显断开点的双极隔离开关，并有可靠的过载保护装置。

（7）实际接线及图纸不一致。

（8）在运行的二次回路上拆、接线时，应穿绝缘鞋、戴绝缘手套。

（9）校验过程应有人监护并呼唱，工作人员在校验过程中注意力应高度集中，防止异常情况的发生。

（10）在保护室内严禁使用无线通信设备。

（11）严禁交、直流电压回路短路、接地，严禁交流电流回路开路。

（12）严禁电流回路开路或失去接地点，防止引起人员伤亡及设备损坏。

（13）校验结束后，工作人员应注意对被校验设备的回路进行恢复和检查。

2. 预防措施

（1）进入现场必须戴安全帽，穿绝缘鞋。

（2）工作现场设遮栏或围栏，在开工前召开班前会，说明工作内容及地点及安全注意事项。

（3）对和自动化装置有关联的交流采装置进行物理或逻辑上隔离，并确认无影响时，方可进行试验；试验后注意恢复。

（4）变更接线时，先断开输出电源。

（5）专用导线进行临时固定，防止脱落。

（6）校验装置的电源断路器，使用具有明显断开点的双极隔离开关，并有可靠的过载保护装置。

（7）检查实际接线及图纸是否一致，如发现不一致，应及时进行确认、更正，无误后方可进行校验作业。

（8）在运行的二次回路上拆、接线时，应穿绝缘鞋、戴绝缘手套。

（9）校验过程应有人监护并呼唱，工作人员在校验过程中注意力应高度集中，防止异常情况的发生。当出现异常情况时，应立即停止校验，查明原因后，方可继续校验。

（10）在保护室内严禁使用无线通信设备。

（11）严禁交、直流电压回路短路、接地，严禁交流电流回路开路。

（12）严禁电流回路开路或失去接地点，防止引起人员伤亡及设备损坏。

（13）校验结束后，工作人员应对被校验设备的回路进行按二次措施单上记录进行恢复、检查，并清理现场。

为提高一线运维人员对智能变电站自动化系统及其设备的运行维护能力，做好智能站自动化系统的日常运维工作，熟练掌握各设备的工作原理、主要功能、工作流程、以及维护方法，结合培训教学与现场工作实际，编写本篇。

第 3 篇

智能变电站自动化系统

本篇主要讲述智能变电站自动化系统，主要涉及全站SCD文件配置，相关通信规约以及站控层、过程层和间隔层设备等。

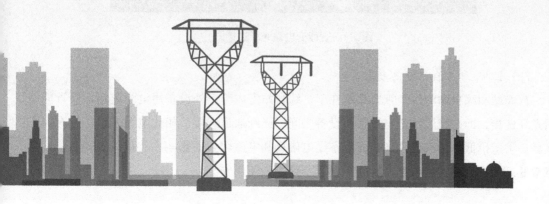

第 7 章　智能变电站自动化系统简介

智能变电站是采用先进、可靠、集成、低碳、环保的智能设备，以全站信息数字化、通信平台网络化、信息共享标准化为基本要求，自动完成信息采集、测量、控制、保护、计量和监测等基本功能，并可根据需要支持电网实时自动控制、智能调节、在线分析决策、协同互动等高级功能的变电站。本章主要从智能变电站自动化系统的改变、结构及设备功能、IEC 61850 规约进行介绍。

7.1　智能变电站自动化系统的改变

7.1.1　光纤通信

智能变电站减少了连接二次电缆，节能环保的同时，使二次系统的布线更加清晰、简洁。采用光纤通信取代电缆通信的方式，减少了通信过程中的电磁干扰，采集到的信息以数字信号的形式传输到后台、调度，更加确保了通信的可靠性。智能变电站光纤连接图如图 7-1 所示。

图 7-1　智能变电站光纤连接图

7.1.1.1　和综自系统的差别

智能站和综自站的一个重要差别在于，综自站室内与室外设备用电缆连接，而智能站用光纤连接，即站控层设备与过程层设备之间用光纤通道连接。相比电缆来说，具有如下优势：①造价低；②准确性高，光纤不受电磁场和电磁辐射的影响；③接线方式简单，故障率低；④重量轻，体积小，易施工；⑤不带电，使用安全。

7.1.1.2　光纤的分类

光纤主要分为单模光纤和多模光纤。单模光纤可靠性高、传输距离远，但造价高，在智能站中一般仅光差保护使用。由于变电站站内光纤距离普遍较近，一般均采用多模光纤。

光纤有 ST、SC、FC、LC4 种接头，如图 7-2 所示。其中 FC 主要用于单模，其他用于多模。

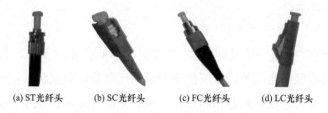

(a) ST光纤头　　(b) SC光纤头　　(c) FC光纤头　　(d) LC光纤头

图 7-2　光纤接头

光纤根据长度的不同，分为跳线、尾缆和光缆，如图 7-3 所示。

(1) 跳线：一般用于屏柜内设备之间。

(2) 尾缆：一般用于屏柜之间。

(3) 光缆：一般用于跨小时，户内/户外之间。

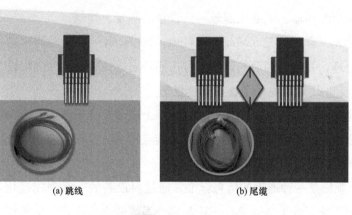

(a) 跳线　　　　　　　　　　(b) 尾缆

(c) 光缆

图 7-3　光纤分类

7.1.1.3 光纤连接方式

间隔层中保护装置和测控装置与过程层通信，光纤连接方式的区别。

保护装置采用"直采直跳"，即不经网络交换机，光纤直接与智能终端和合并单元相连，实现采样和跳合闸传输。通信方式简单，可靠性高。

测控装置采用"网采网跳"，通过网络交换机与智能终端和合并单元相连，实现采样和跳合闸传输。组网传输，便于信息共享。

7.1.2 设备的革新

7.1.2.1 电子式互感器的应用

传统的互感器存在磁饱和问题严重、二次绕组不能开路以及二次绕组不能短路等问题。电子式互感器绝缘结构简单，低压侧无开路高压危险，数据传输抗干扰能力强，电流互感器频率响应范围宽，没有磁饱和问题以及铁磁谐振现象，体积小、重量轻。在智能变电站中，对于一个电压等级，电子式互感器使用一台就可以同时实现在线监测、保护以及计量等功能。可以最大限度地减少一次设备的投入，减少变电站的占地面积和设备的维护工作量。此外电子式互感器的高低压侧是完全电气隔离的，因此可以避免二次侧出现过电压的现象，提高其供电的可靠性。

7.1.2.2 增加过程层设备智能终端、合并单元等

(1) 智能终端。是一种智能组件，它使用的是电缆和一次设备连接，光纤和二次设备连接，能够实现对断路器、主变压器等一次设备的测量、控制。

(2) 合并单元。合并单元（Merging Unit，MU）对一次互感器传输过来的电气量进行合并和同步处理，并将处理后的数字信号按照特定格式转发给间隔层设备使用的装置。

7.1.2.3 提出 IED 智能电子设备建模概念

IED 是智能电子设备的英文缩写，它包含一个或多个处理器，是可向外部接收和发送数据，具有一个或多个特定环境中、特定逻辑接点行为、并且受制于其接口的装置。

7.1.3 标准的通信体系

IEC 61850 规约是一种通用的信息标准，通过对设备的一系列规范化，形成一个规范化的输出，实现系统间的无缝连接。不论是哪个系统的集成商建立的智能变电站，均可通过 SCD 文件知道整个变电站的结构和布局。变电站信息得到统一规划、充分共享，发挥信息技术的优势，提高电力系统的运行和管理效率。

IEC 61850 是一种各生产厂家必须认可和接受的通信协议，通过对设备进行规范化，使其实现系统的无缝衔接和规划的输出，这就使得变电站中各种 IED 的管理以及设备之间的联系更加方便、快捷。

GOOSE（generic object-oriented substation event）是一种面向通用对象的变电站事件。主要用于实现在多个智能电子设备（IED）之间的信息传递，包括传输跳合闸、联闭锁等多种信号（命令），具有高传输成功概率。

SV（sampled value）即采样值，基于发布/订阅机制，交换采样数据集中的采样值的相关模型对象和服务，以及这些模型对象和服务到 ISO/IEC 8802-3 帧之间的映射。

设备全站系统配置文件（SCD）包含版本修改信息、版本号等内容，能够描述所有 IED 的实例配置、通信参数，能够确保变电站安全稳定运行。

7.2 智能变电站自动化系统结构与设备功能

7.2.1 智能变电站自动化系统的主要结构

智能变电站按照一次设备智能化、二次设备网络化的设计思路，参照 IEC 61850 的标准，将变电站分为"三层两网"，如图 7-4 所示（安全Ⅰ区部分）：①两网：蓝色主线即站控层网络，黄色主线即过程层网络；②三层：蓝色主线以上部分即站控层，和蓝色主线、黄色主线都相连的是间隔层，黄色主线以下是过程层。本书主要介绍的是智能变电站通用自动化设备实训，按三层划分主要有：

（1）站控层：监控主机、Ⅰ区数据通信网关机（即远动机）、时间同步装置。

（2）间隔层：测控装置。

（3）过程层：智能终端、合并单元。

相比传统变电站，智能变电站增加了过程层，合并单元和智能终端在智能控制柜中，就地安装。合并单元和智能终端通过电缆分别主要接收一次设备的量测和信号信息，再通过光纤通道发送到过程层交换机。

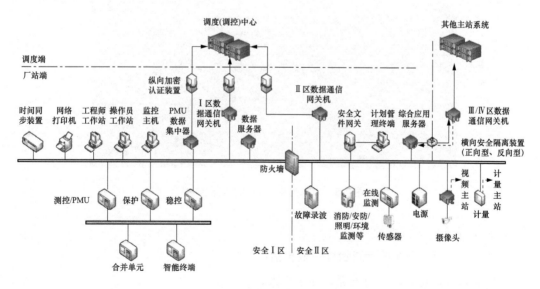

图 7-4 智能变电站结构图

7.2.2 智能终端和合并单元

7.2.2.1 功能

（1）智能终端：能够采集包括断路器位置、隔离开关位置、断路器本体信号（含压力低闭锁重合闸等）在内的断路器量信号。接收测控的遥分、遥合等 GOOSE 命令，能够实现断断器、隔离开关、接地开关等的控制。可接入 4～20mA 或 0～5V 的直流信号，能够测量装置所处环境的温度和湿度等。

（2）合并单元：采集电磁式互感器、电子式互感器、光电式互感器的模拟量，经过同步和重采样等处理后为保护、测控、录波器等提供同步的采样数据。

7.2.2.2 运行和巡视

1. 智能终端的运行维护

如图 7-5 所示，智能终端指示灯一般包括：

（1）运行灯。正常：绿色长亮；异常：灭。

（2）总告警。正常：灭；异常：红灯长亮。

（3）检修。未检修：灭；检修：红灯长亮。

（4）GOOSE 异常。正常：灭；异常：红灯长亮。

（5）对时告警。正常：灭；异常：红灯长亮。

（6）位置信号。分位：绿灯长亮；合位：红灯长亮。

（7）其他告警信号。正常：灭；异常：红灯长亮。

需重点注意运行灯、GOOSE 异常灯和检修灯，运行灯表示设备硬件在正常状态，GOOSE 灯表示通信正常，检修灯必须间隔一致才能保证保护、遥控等正确动作。

图 7-5　南瑞继保 PCS-222 智能终端

2. 合并单元的运行维护

如图 7-6 所示，合并单元指示灯一般包括：

（1）运行灯。正常：绿色长亮；异常：灭。

（2）总告警。正常：灭；异常：红灯长亮。

（3）检修。未检修：灭；检修：红灯长亮。

（4）GOOSE 异常。正常：灭；异常：红灯长亮。

（5）采样异常。正常：灭；异常：红灯长亮。

（6）对时告警。正常：灭；异常：红灯长亮。

（7）其他告警信号。正常：灭；异常：红灯长亮。

需重点注意运行灯、GOOSE异常灯、采样异常灯和检修灯，运行灯表示设备硬件在正常状态，GOOSE灯表示GOOSE通信正常，采样异常灯表示数据采集是否正常，检修灯必须间隔一致才能保证保护等正确动作。

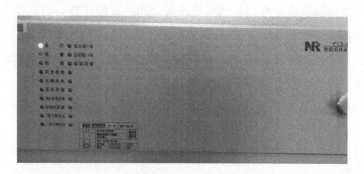

图7-6　南瑞继保PCS-221合并单元

合并单元主要传输的是SV报文数据。GOOSE和SV通信异常的判别依据是从收端判别的，而合并单元的SV报文只发不收，因此不能判别SV异常，SV异常是由它的接收端测控装置来实现告警的。

7.3　IEC 61850规约

GOOSE和SV是IEC 61850规约的过程层通信，而站控层通信主要是MMS，如图7-7所示。

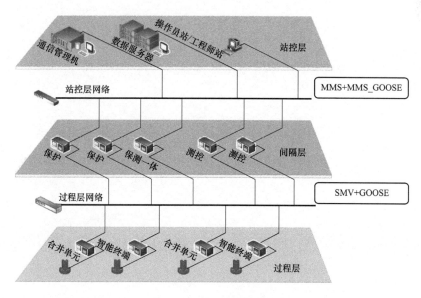

图7-7　通信规约配置图

IEC 61850 标准是电力系统自动化领域唯一的全球通用标准。通过标准的实现，实现了智能变电站的工程运作标准化，使得智能变电站的工程实施变得规范、统一和透明。不论是哪个系统集成商建立的智能变电站工程，都可以通过 SCD（系统配置）文件了解整个变电站的结构和布局，对于智能化变电站发展具有不可替代的作用。

IEC 61850 规约通过对变电站自动化系统中的对象统一建模，采用面向对象技术和独立于网络结构的抽象通信服务接口，增强了设备之间的互操作性，可以在不同厂家的设备之间实现无缝连接。

全站系统配置文件英文简称 SCD，包含版本修改信息、版本号等内容，能够描述所有 IED 的实例配置、通信参数、虚端子连接等。

SCD 文件是智能站自动化设备管理之源，SCD 工作流程如图 7-8 所示。

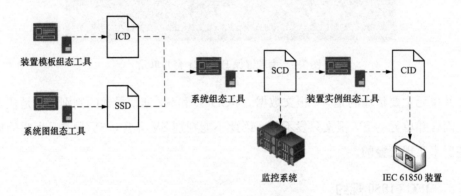

图 7-8　SCD 工作流程

第8章　SCD文件

SCD文件是规划、配置、连接各设备的重要工具，能够描述所有IED的实例配置、通信参数、虚端子连接，能够生成各设备所需的CID文件。

8.1　SCD文件的创建

8.1.1　SCD配置

SCD主要配置：

（1）变电站一次设备模型与电气拓扑信息。

（2）自动化功能在各间隔内的分配。

（3）IED能力描述与ICD文件导入。

（4）通信配置信息。

（5）虚端子连接。

（6）CID文件的导出。

达到掌握SCD文件的配置方法及流程，能够独立完成SCD文件制作的目的。

8.1.2　工作流程

SCD文件描述了一个数字化变电站内各个孤立的IED（智能电子设备）以及各IED间的逻辑联系，完整地描述了各个孤立的IED是怎样整合成为一个功能完善的变电站自动化系统。SCD配置流程如图8-1所示。

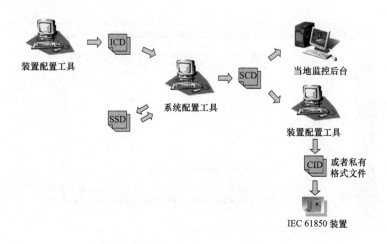

图8-1　SCD配置流程

8.1.2.1 ICD 文件与 CID 文件

ICD 文件为 IED 能力描述文件，是设备厂家提供；CID 文件是 IED 实例配置文件，描述单个 IED 配置。ICD 文件有些信息，比如 IP 地址等，需要进一步实例化，而 CID 文件则是实例化后的。如 220kV 的线路测控，同厂家同型号的 ICD 是相同的，但 CID 不同。

8.1.2.2 SCD 配置工具

SCD 配置工具可以记录 SCD 文件的历史修改记录，编辑全站一次接线图，映射物理子网结构到 SCD 中，可配置每个 IED 的通信参数、报告控制块、GOOSE 控制块、SMV 控制块、数据集、GOOSE 连线、SMV 连线、DOI 描述等。

图 8-1 中利用 SCD 配置工具导入各 IED 装置的 ICD 文件，配置完成后，生成全站 SCD 文件，SCD 文件可导入监控后台机、也可分装置导出 CID 文件下装至各 IED 装置。

8.1.3 工作步骤

以南瑞继保的 PCS9700 系统为操作环境，SCD 配置工具为 SCL Configurator V2.0X 版，进行全站的 SCD 文件制作。

8.1.3.1 新建变电站，并添加通信网络。

（1）运行 PCS-SCD，启动 SCD 配置文件，如图 8-2 所示。

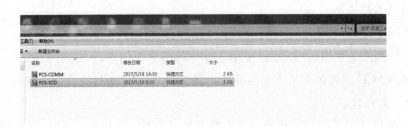

图 8-2 启动 SCD 配置文件

（2）点击文件新建，以电压等级＋变电站名称命名，如图 8-3 所示。

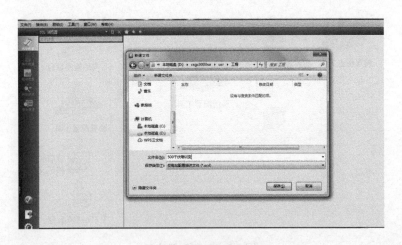

图 8-3 新建文件

（3）建立通信网络，如图 8-4 所示。

1）划分逻辑通信子网。子网的个数和类型从实际的物理子网映射而来，一般包含一个类型为 8-MMS 的 MMS 子网以及若干个类型为 IECGOOSE 的 GOOSE 及 SMV 通信子网。

2）新建子网。选中左侧 SCL 树中"Communication"选项，在右侧子网列表任意处，点击右键，选择，可添加通信子网，子网的个数为实际物理通信子网的个数，即逻辑通信子网为实际通信物理子网的映射。

一个子网的 name 可取任意合法字符串，Type 必须为 8-MMS 或 IECGOOSE，Description 为该子网功能的描述。

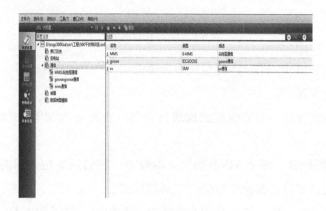

图 8-4　建立通信网络

8.1.3.2　添加 IED 装置。

（1）新建：在左侧 SCL 树，选择 IED，在中间窗口任意地方点击右键，选择"新建"，打开"导入 IED 向导"窗口第一步"概述"，点击"下一步"按钮。

选择 ICD：选择 ICD 文件，并填写 IED Name。需注意，生成的装置名称应为英文字母、数字，不得有中文字符，否则会导致 CID 文件生成失败。

导入测控装置，如图 8-5 所示。

图 8-5　导入测控装置

点击"下一步"后，选择对应通信子网，即建立了一个 IED 装置，如图 8-6 所示。

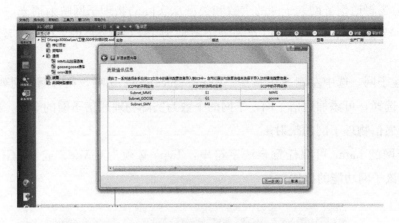

图 8-6　建立 IED 装置

智能终端与合并单元，添加步骤雷同不再举例。

（2）通信参数配置。

IED 设备添加完成后，需要给其添加通信参数，主要在 MMS、GOOSE、SV 通信子网中配置。

MMS 通信子网配置：每个 MMS 访问点参数中，我们只需按工程需要，修改装置 IP 地址和子网掩码两列即可，其余参数保持工具默认值。

GOOSE 通信子网配置：每个 GOOSE 访问点参数中，只需按工程需要，修改 MAC-Address、VLAN-ID、VLAN-PRIORITY、APPID、MinTime、MaxTime，其余参数保持工具默认值，如图 8-7 所示。

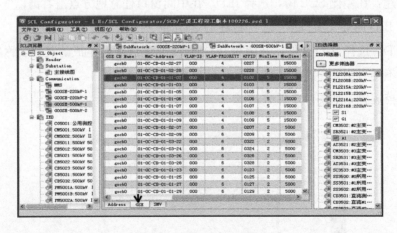

图 8-7　GOOSE 通信参数

配置说明：

MAC-Address：GOOSE 组播地址，全站唯一，有效范围为 01-0C-CD-01-00-00～01-0C-CD-01-01-FF。

VLAN-ID：虚拟子网 ID 号，有效范围为 0～4095。

VLAN-PRIORITY：VLAN 优先级，有效范围为 0～7，GOOSE 通信默认优先级为 4，数字大的优先级高。

APPID：GOOSE 应用标识，全站唯一，工程习惯上填写为 MAC 地址后两段的组合。

MinTime：GOOSE 报文最短传输时间 T1，单位 ms。

MaxTime：GOOSE 报文的最长传输时间 T0，单位 ms。

（3）SMV 通信子网配置：每个 SMV 访问点参数中，只需按工程需要，修改 MAC-Address、VLAN-ID、VLAN-PRIORITY、APPID，其余参数保持工具默认值，如图 8-8 所示。

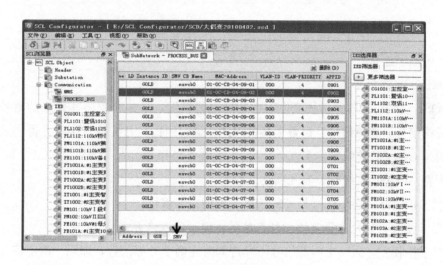

图 8-8　SV 通信参数

配置说明：

MAC-Address：SMV 组播地址，全站唯一，有效范围为 01-0C-CD-04-00-00～01-0C-CD-04-01-FF。

VLAN-ID：虚拟子网 ID 号，有效范围为 0～4095。

VLAN-PRIORITY：VLAN 优先级，有效范围 0～7，缺省值为 4，数字大的等级高。

APPID：SMV 应用标识，全站唯一，有效范围为 0x4000～0x7fff，工程习惯上填写为组播 MAC 地址后两段的组合。

8.1.3.3　虚端子配置。

（1）添加 GOOSE、SV 控制块。

GOOSE/SV 控制块：选择 GOOSE/SV 的 LD，在右侧窗口空白处点击右键，选择"新建"，可添加 GOOSE/SV 发送控制块，按默认生成规则生成的控制块，除 data set 需要选择外，其余参数可以保留不变，如图 8-9 所示。

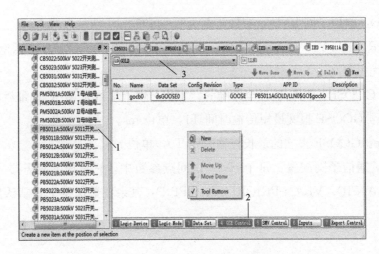

图 8-9 添加 GOOSE、SV 控制块

（2）虚端子连接。

1）GOOSE 连接。

GOOSE 连线可理解为传统变电站中的硬电缆接线，采集装置将其采集的信号（位置信号、机构信号、故障信号）以数据集的形式，通过组播向外传输，接收方可能只要部分信号，通过 GOOSE 连线来定义。

在配置 GOOSE 连线时，有几项连线原则：

a. 对于接收方，必须先添加外部信号，再加内部信号。

b. 对于接收方，允许重复添加外部信号，但不建议该方式。

c. 对于接收方，同一个内部信号不允许同时连两个外部信号，即同一内部信号不能重复添加。

d. GOOSE 连线仅限连至 DA 一级。

2）SMV 连接。

在智能站中（采用 9-2 点对点、9-2 组网、可配置 60044-8 采样方式），SMV 连线的作用类同于 GOOSE 连线，均理解为传统变电站中的硬电缆接线，合并单元将其采集的远端模块的采样值进行同步，而后以（电压、电流）数据集的形式，通过组播方式向外传输，接收方通过 SMV 连线来定义接收的信号。

在配置 SMV 连线时，有几项连线原则：

a. 对于接收方，必须先添加外部信号，再加内部信号。

b. 对于接收方，同一个内部信号不允许同时连两个外部信号，即同一内部信号不能重复添加。

c. SMV 连线，引用名可引用 DO，也可引用 DA，具体以装置支持的方式而定。

（3）端口配置。

一般对于某个发送控制块（GOOSE 或 SMV）可能出现多个发送端口（直跳、组网），但对于某个接收控制块（GOOSE 或 SMV）一般只有一个接收口，防止接收装置报网络风暴。端口配置如图 8-10 所示。

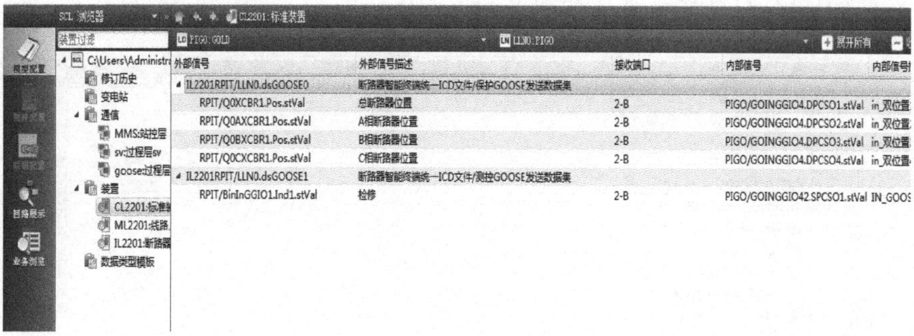

图 8-10　端口配置

8.1.4　CID 等文件的导出

点击工具栏中的"批量导出 CID 及 uapc-GOOSE 文件"按钮，可根据选择同时批量导出 CID 及 GOOSE 文件，导出目录默认在安装目录下的 export 文件夹，目录也可任意选择。

该功能导出的 CID 及 GOOSE 文本放在以 IED Name 为名的文件夹中，分别为 device. cid 和 GOOSE. txt，这两个文件可直接下装到 PCS 保护装置中。

8.2　SCD 文件的维护

SCD 文件信息包含：

（1）变电站一次系统配置（含一、二次关联信息配置）。

（2）通信网络及参数的配置。

（3）二次设备配置（信号描述配置、IED 间的虚端子连接配置）。

依据故障现象，能够准确判断出故障出现在 SCD 中 IEDNAME、通信配置、数据集、数据描述、虚端子配置等具体哪个部分。

本节以工程"220kVPeiXunBianDianZhan"中一个 220kV 线路间隔为例，检查分析 SCD 文件关键参数，其中 SCD 的 IED 包含测控装置、合并单元、智能终端三个装置，且以国电南瑞科技、南京南瑞继保、北京四方三个厂家的三套系统为平台进行分析，每套系统均采用组网方式进行信息交互。

8.2.1　IEDNAME

SCD 中各智能电子设备的 IEDNAME 是各装置间进行正常通信的关键参数之一，若 IEDNAME 设置不一致，IED 之间、IED 与后台监控系统和数据通信网关机将无法进行正常通信。IEDNAME 只能是字母、数字组合，不能使用中文。

不同厂家的操作步骤、方式略有不同，分别介绍如下。

8.2.1.1 国电南瑞科技

国电南瑞科技公司的系统配置工具为 NariConfigTool，本书以版本 1.44（NariConfig-Tool1.44）为平台，打开该工程，如图 8-11 所示。

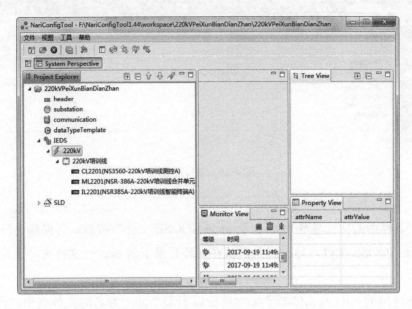

图 8-11　NariConfigTool1.44 工程界面图

在 IEDS 子目录下，分别核对各 IED 的 NAME 与装置下装文件的一致。以核对测控装置 NS3560 的 IEDNAME 为例，在 220kV 电压等级下，点开 "220kV 培训线" 间隔，之后再双击 CL2201 测控装置，则可在右侧 "Property View" 窗口中，"∗name" 行进行 IEDNAME 的编辑，如图 8-12 所示。

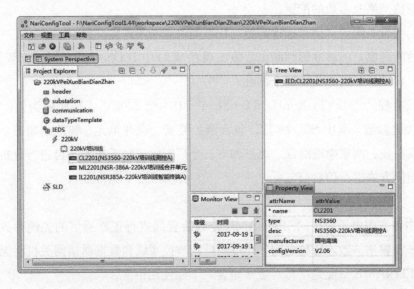

图 8-12　IEDNAME 编辑界面图

8.2.1.2 南京南瑞继保

南京南瑞继保公司的系统配置工具为 PCS-SCD,本书以版本 3.6.2 Release 为平台,工程界面如图 8-13 所示。

图 8-13 PCS-SCD 工程界面图

点击"装置"打开其窗口,进行 IEDNAME 的核对,以测控装置 PCS-9705A 为例,双击"名称"列中"CL2017",则可进行 IEDNAME 的编辑,如图 8-14 所示。

图 8-14 IEDNAME 编辑界面图

8.2.1.3 北京四方

北京四方公司的系统配置工具为 System Configuration,本书以版本 V3.1 为平台,工程界面如图 8-15 所示。

选择左下角"装置"打开其界面,然后双击"IEDS",对其下的各 IED 进行 NAME

的核对，以测控装置 CSI-200EA 为例，点击"CL2201A-220kV 培训线测控 CSI-200EA"，在"属性编辑器"窗口中，点击"iedName"行的"CL2201A"即可进行 IEDNAME 的编辑，如图 8-16 所示。

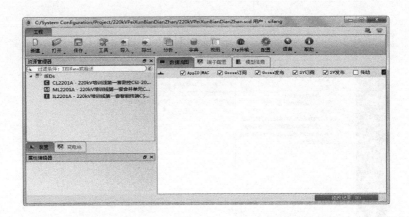

图 8-15　System Configuration 工程界面图

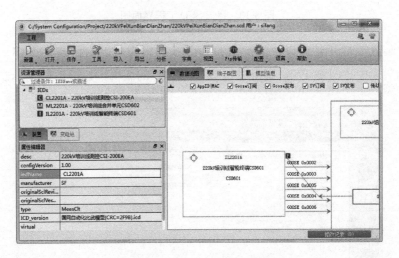

图 8-16　IEDNAME 编辑界面图

8.2.2　通信配置

SCD 中通信配置首先要进行子网划分，智能变电站网络结构分为过程层和站控层两部分网络，因此至少划分出这两部分子网。其中，过程层网络又具体分为 GOOSE 和 SV 两个控制块。

（1）过程层通信配置：各 IED 的 MAC 地址（GOOSE 控制块的 MAC 地址和 SMV 控制块）、APPID、VLAN、VLAN 优先级等关键参数。

（2）站控层通信配置：测控装置的 IP、子网掩码等参数。

不同厂家的操作步骤、方式略有不同，分别介绍如下。

8.2.2.1 国电南瑞科技

双击界面左侧列表中"communication",在右侧"Tree View"窗口中再次点击"communication"下来菜单,首先进行过程层和站控层子网核对,查看两层网络是否划分,本工程站控层网络为 MMS_A、MMS_B、MMS_GOOSE,过程层网络为 GOOSE 和 SV,如图 8-17 所示。

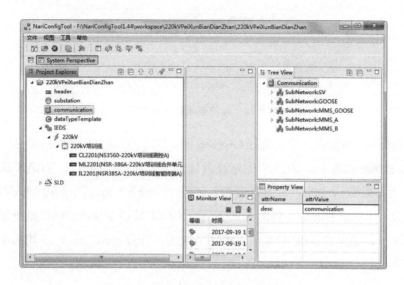

图 8-17 过程层和站控层网络划分核对

菜单栏中,打开"视图"菜单下的"通信参数配置",如图 8-18 所示。"DeviceEditor"底层界面选择中,"IP Editor"为站控层通信,主要为测控装置 IP、子网掩码等相关参数;"GSE Editor"包括站控层和过程层 GOOSE 控制块通信参数;"SMV Editor"为过程层 SV 控制块通信参数。选择具体界面后,在上方"子网"行中选择对应子网,即可进行相应通信参数核对。

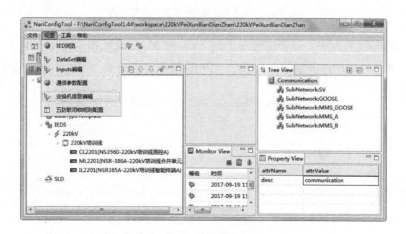

图 8-18 通信参数配置图

"IP Editor"界面中，选择站控层子网 MMS，必须确保测控装置 IP、SUBNET（子网掩码）与站内分配参数一致，其余可默认，如图 8-19 所示，点击各项参数即可进行修改。

图 8-19　站控层通信参数设置

"GSE Editor"界面中，分别选择 GOOSE 和 MMS_GOOSE 子网核对参数，MAC 地址、APPID 必须全站唯一，VLAN 优先级默认为"4"，范围 0～7；VLAN-ID 南瑞科技公司一般不设，取默认"000"，十六进制，范围 0～FFF；MinTime 和 MaxTime 分别取"5"和"5000"（单位为 ms），如图 8-20 所示。GOOSE 控制块的 MAC 地址结构为：01-0C-CD-01-0x-yz，对应的 APPID 从后三个字节取为：1xyz，w、x、y、z 均为十六进制值，取值范围 0～F。

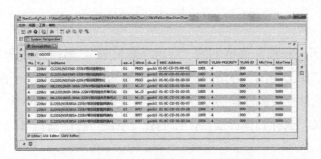

图 8-20　GOOSE 控制块通信参数设置

"SMV Editor"界面中，选择过程层子网 SV，除 MAC 地址和 APPID 外，其余对应参数与 GOOSE 相同。MAC 地址第四位为 04，APPID 取值方法与 GOOSE 一致，如图 8-21 所示。

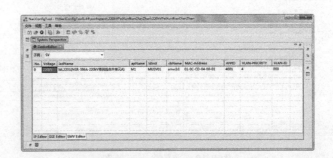

图 8-21　SV 控制块通信参数设置

8.2.2.2　南瑞继保

打开工程，选择界面左侧列表"通信"模块，核对划分的过程层和站控层网络类型是否正确，站控层对应 8-MMS 类型，过程层对应 IECGOOSE 和 SMV，其中过程层 GOOSE 和 SV 可合并为一个子网，对应类型为 IECGOOSE。本工程站控层网络为 MMS，过程层网络划分一个为 GOOSE&SV，如图 8-22 所示。

图 8-22　通信子网划分核对

选中"通信"模块下"MMS：站控层网络"，对其 IP、子网掩码进行核对，若无特殊要求，其余参数可默认不配置，如图 8-23 所示。

图 8-23　站控层通信参数配置

选中"GOOSE&SMV：过程层网络"，在打开界面底部，分别选中"GOOSE 控制块地址""采样控制块地址"进行 GOOSE 和 SV 控制块通信参数核对，如图 8-24 所示。

其中，GOOSE 和 SV 控制块的 MAC 地址前三个字节相同为：01-0C-CD，GOOSE 控制块第四个字节为 01，SV 控制块为 04，最后两个字节为 wx-yz，一般 APPID 取对应

MAC 地址的最后两个字节为：wxyz；x、y、z 均为十六进制值，取值范围 0～F，对于
GOOSE，w 取值 0～3；对于 SV，w 取值 4～7。VLAN 优先级默认为"4"，范围 0～7；
VLAN-ID 根据实际 VLAN 划分进行设置，为十六进制，范围 0～FFF；MinTime 和
MaxTime 分别取"2"和"5000"（单位为 ms）。

(a) GOOSE控制块通信参数配置

(b) SV控制块通信参数配置

图 8-24 过程层通信参数配置

8.2.2.3 北京四方

选择工程左侧界面中部的"变电站"模块，"通信配置"界面下有"IP""GOOSE""SV"
三个部分，分别进行通信参数核对。

"IP"选项为站控层通信，只需核对 IP 地址，子网掩码由工具根据 IP 地址自动识别
归类到 A、B、C 类地址对应的子网掩码，无需额外设置，如图 8-25 所示。

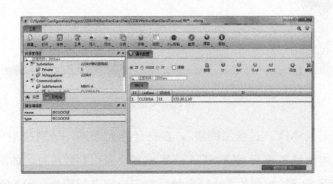

图 8-25 站控层通信参数配置

"GOOSE"和"SV"界面下，MAC、APPID 与实际划分保持一致。其中，GOOSE 控制块的 APPID 取 MAC 地址的最后两个字节；而对于 SMV，MAC 取 01-0C-CD-04-wx-yz，APPID 取值（4＋w）xyz，w、x、y、z 均为十六进制，w 范围 0～3，x、y、z 范围 0～F；VLAN 根据实际分配情况进行配置，为十六进制，范围 0～FFF；优先级依然为默认值 4，如图 8-26 所示。

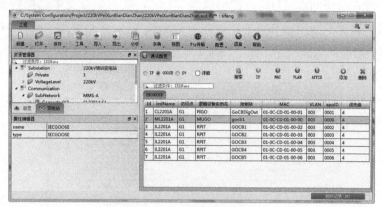

(a) GOOSE控制块通信参数配置

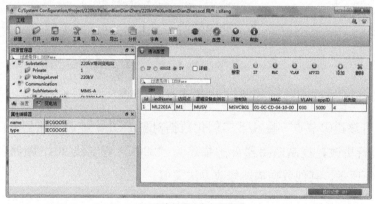

(b) SV控制块通信参数配置

图 8-26　过程层通信参数配置

8.2.3　数据集及数据描述

SCD 文件中各 IED 模型文件数据集分类如下：

（1）测控装置：dsAin（遥测）、dsDin（遥信）、dsGOOSE（GOOSE 信号）、dsParameter（装置参数）、dsAlarm（故障信号）、dsWarning（告警信号）、dsCommState（通信工况）等。

（2）合并单元：MUGO（GOOSE 信号）、MUSV（采样）。

（3）智能终端模：dsGOOSE（GOOSE 信号）。

IED 模型文件数据集的中的数据描述，可根据该数据在实际工程中的作用及功能进行修改，使数据清晰明了，查阅方便直观。数据集以及数据集中的数据一旦发生缺失，将使

IED 丧失该数据对应的功能，需手动进行添加进行完善。

模型文件控制功能相关的数据描述以及数据集缺失后，恢复和完善的步骤，不同厂家略有不同，分别介绍如下。

8.2.3.1 国电南瑞科技

首先进行数据描述修改，双击 IEDS 下测控装置"CL2201"，在右侧 Tree View 窗口中，依次点开过程层访问点"G1"，逻辑设备"LD"，在树型分支中选择控制 CSWI 相关逻辑接点，以断路器控制逻辑节点为例，在 Property View 窗口终端"desc"行将逻辑节点描述改为工程中对应的功能描述，即"220kV 竞赛线 2017 断路器遥控"，如图 8-27 所示。

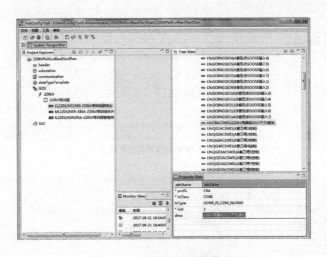

图 8-27 逻辑节点描述修改

进一步点开该逻辑节点，将其下实例化数据对象 DOI 中控制断路器分闸、合闸的数据描述 desc 进行更改，控制断路器分闸描述为"220kV 竞赛线 2017 断路器遥控分闸出口"，如图 8-28 所示。其他数据描述修改方法类似。

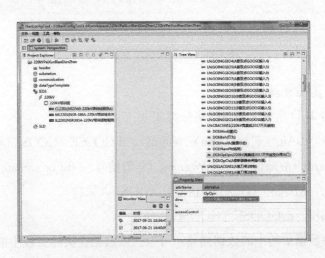

图 8-28 实例化数据对象描述修改

接下来，对数据集缺失的恢复过程进行分析。数据集"dsGOOSE1（A 套 GOOSE 信号数据集）"完成控制功能，包括断路器及隔离开关的分合闸控制。"dsGOOSE1（A 套 GOOSE 信号数据集）"在测控装置过程层"G1"访问点下的逻辑接点 LLN0 中，首先选中 LLN0 右键增加 DataSet，如图 8-29 所示。在弹出的创建 DataSet 实例窗口中，"name ＊"数据集名称输入"dsGOOSE1""desc"数据集描述输入"A 套 GOOSE 信号数据集"，点击"创建"，初步完成数据集实例增加，如图 8-30 所示。

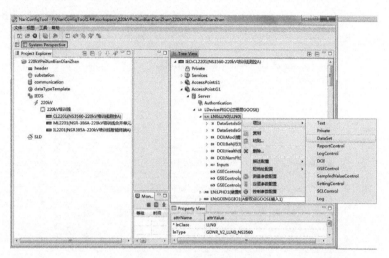

图 8-29　增加数据集工程图

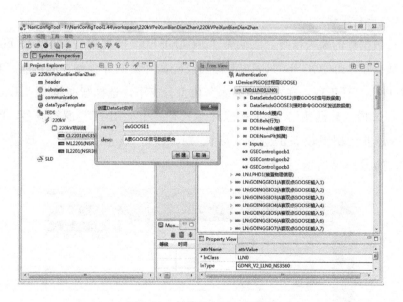

图 8-30　创建 DataSet 实例图

此时数据集为空数据集，内部不含任何数据，需要手动添加其中包含的数据。选中"dsGOOSE1（A 套 GOOSE 信号数据集）"右键进行编辑，在弹出的"编辑 DataSet 实例（CL2201）"窗口下的"数据选择"栏，"树型数据"只能进行浏览，在"表型数据"窗口中，逻辑设备 LD 选"PIGO（过程层 GOOSE）"，逻辑接点 LN 选择 A 套断路器和隔离开关控制相关的逻辑节点，功能约束 FC 选"ST"，DATA 选数据属性"DA"，点击"过滤"，在"Data Type"列，选择"BOOLEAN"类型对应的数据，分别为 xxx. OpOpn. general（跳闸命令）和 xxx. OpCls. general（合闸命令），同时可以看到 Description 列下的数据描述为上述更改后的描述，点击右侧增加记录按钮，依次完成数据的恢复，如图 8-31 所示。

图 8-31 编辑 DataSet 实例图

8.2.3.2 南瑞继保

首先进行数据集的缺失恢复，以缺失"dsGOOSE0"数据集（保护 GOOSE 发送数据集）为例。数据集"dsGOOSE0"完成断路器及隔离开关的分合闸控制功能，其在逻辑设备"RPIT"中。打开工程，在左侧"装置"树型分支下，选择智能终端"IL2017"，在中间窗口底部，选择"数据集"，由于智能终端只有一个"RPIT"逻辑设备，因此在顶部 LD 菜单中不必进行逻辑设备的选择，默认"RPIT"。点击"新建"，新建一个数据集"DataSet0"，如图 8-32 所示。

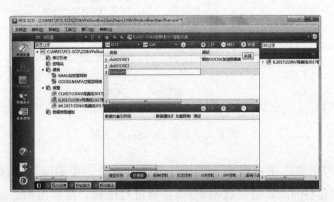

图 8-32 新建数据集

分别双击名称和描述行，名称修改为"dsGOOSE0"，描述为"保护 GOOSE 发送数据集"，点击"上移"按钮，可将数据集位置进行移动，如图 8-33 所示。此时数据集为空数据集，内部不含任何数据，需要手动添加数据，选中该数据集，在右侧窗口中双击智能终端"IL2017"，在树型分支中依次选择访问点"G1"，逻辑设备"LD RPIT"，根据数据集"dsGOOSE0"包含的数据，挑选对应的逻辑接点，并在功能约束"FC"下选择数据对象"DO Pos：xx"，要添加数据属性"DA"下的"stVal"和"t"，右键"附加选中的信号"，如图 8-34 所示，依次类推，完全全部数据的添加。

图 8-33　数据集描述修改及移动

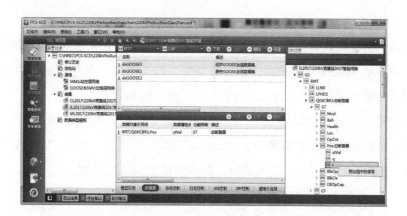

图 8-34　数据集中增加数据

　　数据描述修改方法有两个：①在左侧树型列表"装置"下选中智能终端"IL2017"，在中间窗口的底部，选择"模型实例"选项，分别选中逻辑接点"LN"、实例化数据属性"DOI Pos：xxx"，在右侧窗口中的"描述"行对其数据描述进行修改，如图 8-35 所示。②选中智能终端"IL2017"，在中间窗口的底部，选择"数据集"选项，在上部"LD"中选择逻辑设备，再选中具体数据集，在下方窗口中双击"描述"列中具体数据描述即可进行修改，如图 8-36 所示。

图 8-35　数据描述修改（方法一）

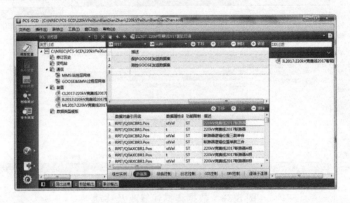

图 8-36　数据描述修改（方法二）

8.2.3.3　北京四方

首先进行数据集的缺失恢复，以缺失"dsSV"数据集（采样值 SV 发送数据集）为例进行分析，数据集"dsSV"完成采样值发送功能。打开工程，在左侧窗口中点击"装置"模块，选择合并单元"ML2201A"，点击进入右侧"模型信息"窗口，在"③Data Set"模块下，逻辑设备选择"MUSV（30）"，其下数据集为空，右键选择"Add New Data-Set"，在弹出的添加新的数据集窗口中，"name"输入"dsSV"，"desc"输入"采样值 SV 发送数据集"，如图 8-37 所示，点击确定，初步完成数据集的添加。

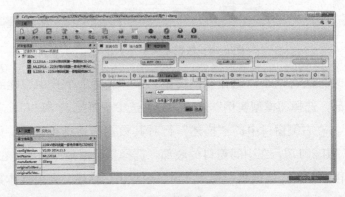

图 8-37　添加数据集"dsSV"

功能约束数据属性"④FCDA"模块，逻辑设备 LD 选"MUSV（30）"，逻辑接点 LN 选"LLN0（1）"，数据集 DataSet 选"dsSV"，在窗口空白处右键，点击"添加新的数据集成员"，在弹出的窗口中，在"IED：ML2201A LDevice：MUSV"下，依次完成各数据的添加，注意在具体数据的"MX"列表下，双击数据名称或右键完成添加，不再进行"MX"列表中具体数据下一级的添加，如图 8-38 所示，至此，完成数据集"dsSV"的恢复。

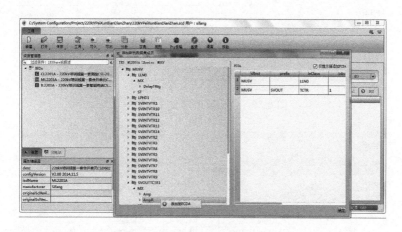

图 8-38　添加新的数据集成员

　　数据修改描述的方法有两种：①在工程的"装置"界面下，"端子配置"窗口中完成。在"端子配置"窗口主要由"GOOSE/SV"虚端子类型选项、"订阅"和"发布"栏构成，数据的描述只能在"发布"栏中的"发布虚端子"列下进行修改。以合并单元 ML2201A 的 SV 发送虚端子描述修改为例，合并单元发送的 SV 数据由测控装置 CL2201A 接收，因此，先选中"IEDS"下的测控装置 CL2201A，然后在"端子配置"窗口下，选择"SV"选项，在"发布"栏下的"装置"行选择合并单元 ML2201A，即可在"发布虚端子"列下对数据描述进行修改，如图 8-39 所示。②在"模型信息"窗口中的"④FCDA"模块下的"dU Attribute"列进行数据描述修改。以修改合并单元 ML2201A 的数据集"dsSV"中的数据描述为例。首先选中合并单元 ML2201A，在"模型信息"窗口中，选中④FCDA 模块，再依次选 LD-"MUSV"、LN-"LLN0（1）"、DataSet-"dsSV"，在"dU Attribute"列下，双击数据描述完成修改，如图 8-40 所示，此时需要说明一点，通过方法一修改数据描述，会同时修改数据的"DOI Description"和"dU Attribute"列下的描述。

8.2.4　虚端子配置

　　智能变电站过程层通信采用发布/订阅机制进行信息交互，通过各 IED 的发布数据集与接收数据集之间的虚端子映射来实现该功能，虚端子映射相当于传统变电站的硬接线。

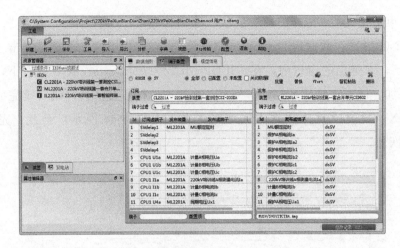

图 8-39 数据描述修改（方法一）

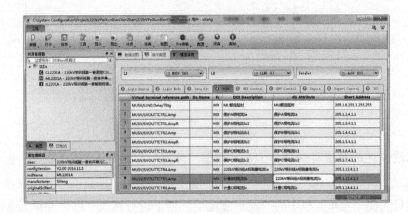

图 8-40 数据描述修改（方法二）

虚端子正确映射是保证 IED 间正常交互信息的基础。映射过程中，根据虚端子表，确保发送方的数据引用映射的是接收方对应的数据引用，不能仅根据数据描述来判断虚端子映射正确与否。

虚端子映射包括 SV 映射和 GOOSE 映射。①SV 映射：接收方的 DO（数据对象）映射到发送方的 DO，DO 包含 DA（数据属性）、q（品质）、t（时间）等部分；②GOOSE 映射：接收方 DA 的 stVal 映射发送方 DA 的 stVal。

虚端子设置和映射的步骤，各厂家略有不同，分别介绍如下。

8.2.4.1 国电南瑞科技

以测控装置 NS3560 虚端子 SV 和 GOOSE 映射为环境进行分析，首先进行 SV 映射校核，测控装置接收合并单元 NSR-386A 发出的 SV 采样数据，在进行校核前，要根据工程实际，确定合并单元模拟量通道与 SV 发出数据对应关系，否则会造成测控装置模拟量采集错误异常。

合并单元发出的测量数据虚端子对应的模拟量输入通道实际硬接线接测量电压电流，

同期电压虚端子对应保护 B 相电压的模拟量输入通道。打开工程，在"视图"菜单下点击"Inputs 编辑"，并将弹出的"DeviceEditor"窗口最大化，上部为接收端参数，测控装置依次选择［"电压等级-220kV""间隔-220kV 培训线""IED-CL2201（NS3560-220kV 培训线）""接收端：CL2201：M1：PISV：LLN0"］，则在下方显示测控装置 SV 实际映射虚端子，在"OUT Reference""OUT Description"列下是合并单元发出的数据，在"In Reference""In Description"列下是测控装置接收虚端子，虚端子核对要以数据引用"OUT Reference"和"In Reference"的对应为根本，"OUT Description"和"In Description"的对应为辅，因数据描述可随意修改，而数据引用则不能修改。数据类型"Data Type"均为"SAV"。在下方"发送端数据"窗口，对应电压等级、间隔依次对应测控装置选择，"IED"选合并单元"ML2201（NSR-386A-220kV 培训线）"，类型选"SV"，发送端选"ML2201：M1：MUSV01：LLN0～：smvcb1"，则下方窗口显示合并单员发出的所有通道数据。在接收端和发送端都选择完成后，上部窗口中的虚端子和下部窗口中的虚端子同时选中，可点击建立映射按钮进行映射，如图 8-41（a）所示；选中上部窗口中已实际映射的虚端子，可点击右侧取消映射按钮解除映射，如图 8-41（b）所示。

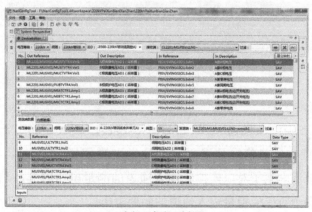

(a) 建立SV虚端子映射图

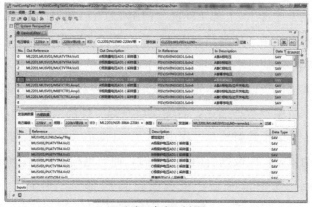

(b) 取消SV虚端子映射图

图 8-41　SV 虚端子核对

接下来进行 GOOSE 虚端子核对，接收端选"CL2201：G1：PIGO：LLN0～"，发送端选智能终端 IL2201，类型选"GOOSE"，发送端选择 IL2201 下的 GOOSE 不同控制块。同 SV 虚端子核对方式类似，以数据引用"OUT Reference"和"In Reference"的对应为依据，否则造成测控接收到的位置信号与实际不一致。需要注意的是，发送端的位置值"Dbpos"映射到接收端的"Dbpos"，时间戳"Timestamp"也要一致，如图 8-42 所示。

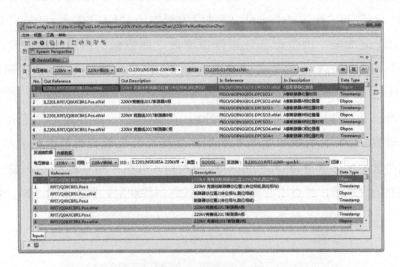

图 8-42　GOOSE 虚端子核对

8.2.4.2　南瑞继保

以测控装置 PCS-9705A 虚端子 SV 和 GOOSE 映射为环境进行分析，首先进行 SV 映射校核，测控装置接收合并单元 PCS-221GB-G 发出的 SV 采样数据，工程设计：合并单元"测量 1"电压电流虚端子对应模拟量输入通道的测量电压电流，"保护 2 电压 A 相 1（同期电压 1）"虚端子对应模拟量输入通道的同期电压。

打开工程，在左侧选"模型配置"模块，选择"装置"下测控装置"CL2017"，在中间窗口中点击"虚端子连接"，上部 LD 选"PISVLD"、LN 选"LLN0：PISV"，依据虚端子映射表进行核对。其中"外部信号""外部信号描述"列下是发送端的虚端子数据引用及数据描述，"接收端口"对应测控装置上接收数据的光纤接口号，选中具体虚端子映射可点击上部"设置端口"设置具体光纤接收端口。"内部信号""内部信号描述"列下是接收端的虚端子数据引用及数据描述，右侧窗口底部"外部信号"选项下为发送端，"内部信号"为接收端。虚端子映射核对过程中，以"外部信号"列下数据引用对应"内部信号"列下数据引用为依据，因数据引用不可修改，而数据描述可随意修改。以 A 相电流映射发送端错误为例，选中该映射，在右侧窗口底部选"外部信号"，在窗口中选"ML2017""M1"、DS dsSV：SMV 数据集下的"MUSV/TCTR4＄MX＄Amp"，直接将虚端子拖到 A 相电流映射行，在弹出的对话窗中选择"确定"，如图 8-43 所示。

图 8-43　SV 虚端子映射修改

　　GOOSE 虚端子映射校核，以断路器位置接收端映射错误为例，正确为发送端"IL2017RPIT/Q0XCBR1.Pos.stVal"映射到接收端"PIGO/GOINGGIO4.DPCSO1.stVal"。LD 选"PIGO：GOLD"，LN 选"LLN0：PIGO"，右侧窗口底部选中"内部信号"，逐次选中"CL2017""AP G1""LD PIGO：GOLD""LN GOINGGIO4：双位置接收""DO DPC-SO1：in_ 双位置1"下的"DA stVal"，直接拖到断路器位置虚端子映射上，确定选择，如图 8-44（a）所示，然后还要设置接收端口，选中断路器虚端子映射，选择"设置端口"，根据工程要求选择"2-A"，即第二块板的第一个光纤接收端口，如图 8-44（b）所示。

(a) GOOSE虚端子修改

(b) 接收端口配置

图 8-44　GOOSE 虚端子配置

8.2.4.3　北京四方

以智能终端 CSD-601 GOOSE 接收为环境进行分析，实际现象为：测控装置下发合断路器指令时，智能终端面板"分闸"指示灯亮，测控装置下发分断路器指令时，智能终端面板"合闸"指示灯亮。由现象可判断智能终端 GOOSE 接收断路器遥控虚端子分合映射反。打开工程，在左侧窗口中选"装置"模块，然后点击中间窗口上部的"端子配置"，选择"GOOSE"选项，"订阅"栏装置选"IL2201A""发布"栏装置选"CL2201A"，在"订阅"栏下，"订阅虚端子"与"发布虚端子"列下为数据描述，在该栏底部为数据引用，"端子"为智能终端接收虚端子，"配置项"为测控装置发出的数据。核对"订阅虚端子"列的遥合/遥分出口与"发布虚端子"列的断路器遥合/遥分出口对应关系正确，也就是数据描述对应正确，但通过核对底部数据引用发现遥合、遥分虚端子映射反，如图 8-45 所示。

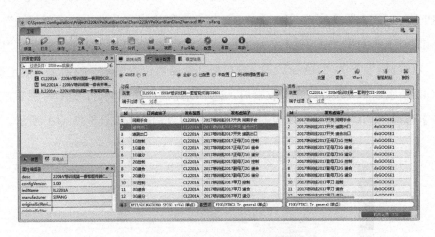

图 8-45　GOOSE 虚端子映射校核

依据工程实际的虚端子映射表，智能终端断路器遥合出口"RPIT/GOINGGIO390. SPCSO. stVal（单点）"映射到测控装置遥合出口"PIGO/PTRC2. Tr. general（单点）"，遥分出口"RPIT/GOINGGIO391. SPCSO. stVal（单点）"映射到测控装置遥分出口"PI-GO/PTRC3. Tr. general（单点）"，虽然数据描述对应正确，但数据引用映射错误，导致智能终端接收测控装置的遥合、遥分指令颠倒。

第9章 网络结构与报文监视

相较于传统综合自动化系统变电站，智能变电站中，继电保护装置跳闸、调度端的遥控命令、站内设备的遥测、遥信全部通过通信网络实现，通信网络在保障变电站设备安全稳定运行中尤为重要。本章主要对 MMS、GOOSE、SV 以及 IEC 60870-5-104 报文的读取以及分析方法进行具体介绍。

智能变电站内智能电子设备（IED）间的信息交互采用 IEC 61850 系列标准。它规范了变电站内智能电子设备（IED）之间的通信行为和相关的系统要求，大量引用了目前正在使用的多个领域内的其他国际标准，是一个十分庞大的标准体系，通过对变电站自动化系统中的对象统一建模，采用面向对象技术和独立于网络结构的抽象通信服务接口，增强了设备之间的互操作性，可在不同厂家的设备之间实现无缝连接，是目前最完整的变电站自动化标准规范二次智能装置的通信模型、通信接口。

智能变电站的"三层两网"结构如图 7-7 所示，通过"两网"实现"三层"设备之间的信息交互。IEC 61850 通信服务主要包括 MMS 服务、GOOSE 服务、SV 服务三个部分，其中 MMS 服务用于装置和后台之间的数据交互，属于"两网"中的站控层网络；GOOSE 服务用于装置之间的通信，SV 服务用于采样值传输，GOOSE 和 SV 属于"两网"中的间隔层网络。

9.1 MMS 报文读取与分析

MMS 基本的通信服务及报文分析，主要包括初始化、使能、控制以及定值的服务。目前对于网络上 MMS 报文的获取，主要是运用相关软件进行现场通信报文的抓取工作，常用工具有 Ethereal 和 Wireshark 等，本节通过 Ethereal 抓取 MMS 报文并进行分析。

9.1.1 初始化报文

抓取 MMS 报文可在交换机上设定镜像端口，把要截取报文的端口镜像到镜像端口，则电脑只要连接到镜像端口即可截取其他端口的报文。设置完成后，打开 Ethereal 工具，Capture 菜单选择 start，Ethereal 将弹出"Capture Options"捕获选项对话框，对话框中设置字段如图 9-1 所示。

设置完成后，点击 start，可读取到镜像端口的所有报文，报文数据量大导致整体查看复杂，可在过滤器"Filter"中输入想要查询的报文类型——MMS，即可检索到 MMS 全部报文。在报文信息描述列"Info"首先进行报文类别的初选，然后点击该条报文，可在下方查看该条报文的详细信息。MMS 初始化报文是 Client 端与 IED 建立连接的初始报文，是 Client 初始化请求，如图 9-2 所示，为截取到 Initiate 初始化报文。

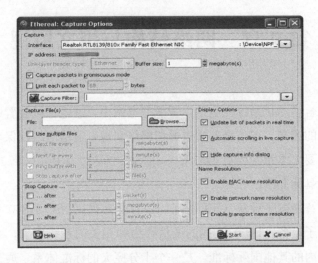

图 9-1 "Capture Options" 捕获选项对话框

图 9-2 Client 初始化请求（Initiate Request）

图 9-2 中，报文时间的显示格式即"Time"列，可在 view->Time display format 中进行设置，可设为绝对时间和相对时间（从运行报文软件开始经过的时间）。"Source"列为源端，即报文发起方的 IP 地址，如监控后台机、数据通信网关机等；"Destination"为报文，接收方终端的 IP 地址。

MMS 初始化请求发出后，间隔层测控装置将对其进回复，回复初始化的应答报文根据初始化报文发出时间，找到"Initiate Response"信息描述报文，如图 9-3 所示。

子系统在初始化时，检查 IED 是否配置有控制数据，包括复归、压板、断路器控制等，也就是模型中 FC=CO 的数据，对应于 iedxx.ini 中的 CTL 行。如果有控制数据，子系统需要读取每路控制的控制模式，模型中为 ctlModel 的数据。子系统对复归控制 ctlModel 默认为 1，既直接控制，压板断路器 ctlModel 默认为 4，既带预置令的控制模式。代码显示如下。

图 9-3　初始化回复报文（Initiate Response）

CTLCSC1034LD0LLN0. CO. LEDRs　SPC　1（默认 ctlModel 为1）2　0　0 2230 2230　null

CTLCSC1034LD0LLN0. CO. PdifEna　SPC　4（默认 ctlModel 为4）2　0　0 2231　2231　null

CTLCSC1034LD0LLN0. CO. Pdis1Ena　SPC　4（默认 ctlModel 为4）2　0　0 2232　2232　null

初始化的读取请求报文内容如图 9-4 所示，初始化的读取请求回复报文内容如图 9-5 所示。

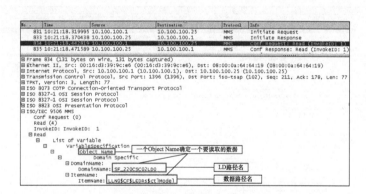

图 9-4　初始化的读取请求报文（conf Request：Read）

图 9-5　初始化的读取请求回复报文（Initiate Request）

子系统在初始化时，会读取每个 IED 的数据集所包含的成员（GetNamedVariableL-istAttributes），如图 9-6 所示。

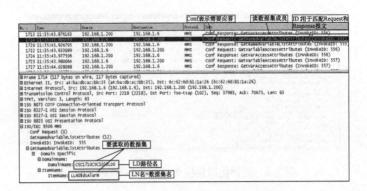

图 9-6 初始化读取数据集成员请求报文

初始化读取数据集成员回复的报文如图 9-7 所示，此时 IED 返回的成员是运行时数据集包含的成员，必须与 IED 提供的静态模型文件 icd 完全一致，子系统才能在以后收到报告数据时正确解析。但由于各种原因，有时两者并不一致。因此子系统在初始化时先验证数据集成员运行时与静态模型是否一致，如果不一致，则子系统不再继续进行连接。子系统是根据 iedxxx.ini 中配置的 Polling DataSet 数据集段逐个读取每个数据集的成员信息的。代码显示如下。

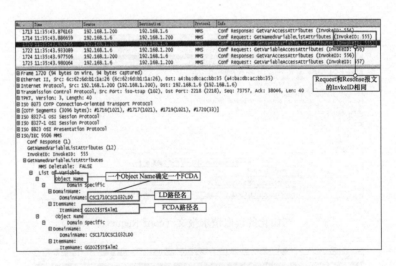

图 9-7 初始化读取数据集成员回复报文

#Polling DataSet

#Tag	dom	dsName	poll	tPoll（s）
DSA	CSC1032LD0	LLN0.dsAlarm	NO	20
DSA	CSC1032LD0	LLN0.dsRelayEna	NO	20

主要是比对数据集包含的 FCDA 个数和 FCDA 名字是否相同。静态数据集成员已由 V2配置工具导出到 iedxxx.ini 文件的 DAT 行，每个 FCDA 对应一个 DAT 行。代码显示如下。

DAT   CSC1032LD0 LLN0.dsAlarm   CSC1032LD0 GGI02.STAlm1 stVal t q

BOOLEAN YX 11180 11180 null

　　DAT　　CSC1032LD0　LLN0. dsAlarm　　　CSC1032LD0　GGIO2. STAlm1　stVal　t　q
BOOLEAN YX 11181 11181 null

　　DAT　　CSC1032MEAS　　　　　　LLN0. dsRelayAin　　　　　　CSC1032MEAS
MMXU1. MX. A. phsA. cVal. ang. f null null FLOAT32 YC 2950 null

　　子系统在验证了数据集成员 FCDA 的正确性后，还需要读取每个到 DO 级别的 FCDA
包含的下级 DA 及每个 DA 的数据类型（GetVariableAccessAtributes），用于后续报文解
析，初始化读取数据类型的报文请求如图 9-8 所示，初始化读取数据集成员的报文请求如
图 9-9 所示。

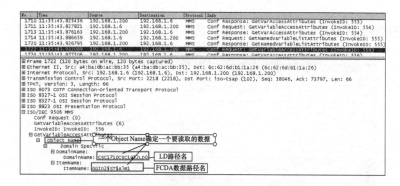

图 9-8　初始化读取数据类型报文请求

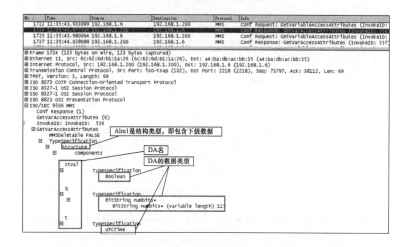

图 9-9　初始化读取数据集成员报文请求

9.1.2　使能报文

子系统会根据 iedxx. ini 文件中配置的报告控制块，逐一进行初始化，包括下列操作：

#Report Control

#Tag　　　dom　　　dsName　　　ref　　　RptID　　OptFlds　TrgOps　IntgPd(ms)
RCB　BSPDC2MONITOR LLN0. dsMonS LLN0. RP. urcbMonS

MONITOR/LLN0 ＄ RP ＄ MonS　　　7F80　　　44　　　30000

报文信息与 iedxx.ini 配置信息的对应关系如下：

报文信息　　　　iedxx.ini 配置信息

DomainName：dom

ItemName：　　　ref＋报告实例号，但 ref 中的'.'分隔符变为'＄'，报文中用'＄'分隔符，报告实例号在 csssys.ini 中 RCB 行设置：

＃tag　fstInst mdNetShare enOnlyEnable enFstDisable maxRcbInst enMustAssign enPurgeBRCB

RCB　7　　1　　　0　　　　1　　　　16　　　　0

0

初始化报告控制块报文如图 9-10 所示，读取报告对应的数据集报文如图 9-11 所示。

(a)初始化报告控制块报文(一)

(b)初始化报告控制块报文(二)

图 9-10　初始化报告控制块报文

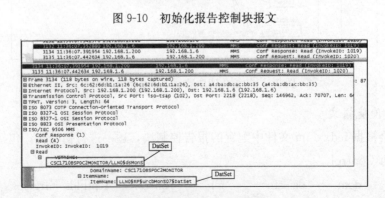

图 9-11　读取报告对应的数据集报文

在 RptEna 为 false 的情况下，才能设置报告控制块的属性，如图 9-12 所示。

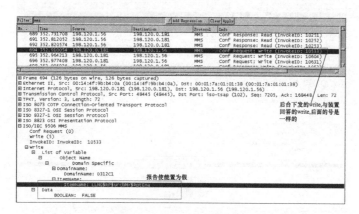

图 9-12 RptEna 置为 false

初始化结束后，装置完成回写成功，如图 9-13 所示，子系统上送状态类报告，默认触发选项为（010001）2，即数据变化和总召，对于模拟量类的报告，默认触发选项为（010011）2，即数据变化、周期和总召。

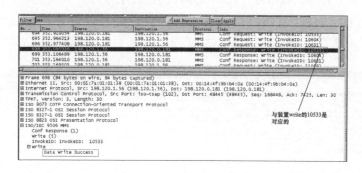

图 9-13 装置回写成功

如图 9-14 所示，默认触发选项在 csssys.ini 中的 RPT 行 TrgOps 设置 44。44 为 16 进制数据，对应 2 进制为（01000100），报文中规定取高 6 位，即状态类报告默认触发选项为（010001）2。

#tag enRptID TrgOps OptFlds IntgPd enDA4Qua toAutoCtl resv3 resv4 resv5

RPT   0   44   7900   30000   0   500   0   0   0

TrgOps 各位含义如下，bit0 对应报文中左数第一位。

    Bit0   reserved

    Bit1   data-change

    Bit2   quality-change

    Bit3   data-update

    Bit4   integrity

    Bit5   general-interrogation

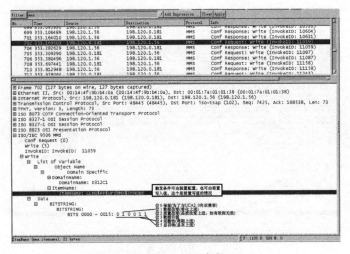

图 9-14　设置报告触发条件 TrgOps

默认触发选项为（7900）₁₆。每位的含义如下。要求 IED 上送的报告中，数据分别为报告序号、报告生成时间、报告上送原因（如图 9-15 所示，本次报告中包含数据集中的哪些数据）、数据集名称、条目号（IED 端累计的报告序号）。

#tag	enRptID	TrgOps	OptFlds	IntgPd	enDA4Qua	toAutoCtl	resv3	resv4	resv5
RPT	0	44	7900	30000	0	500	0	0	0

(a) 设置报告上送数据域OptFlds(一)

(b) 设置报告上送数据域OptFlds(二)

图 9-15　设置报告上送数据域 OptFlds

OptFlds 各位含义。表 9-1 中第一条对应报文中左数第一位。

表 9-1　　　　　　　　　　　　　　　　报告上送数据属性配置

| （2个字节，16 位，从高到低，第 0 位保留） | | | | | | | | | | | | | |
0	1	2	3	4	5	6	7	0	1	2....	十六进制表示（H）	说明
	1										4000	序号
		1									2000	报告生成的时标
			1								1000	原因
				1							0800	数据集名称
					1						0400	数据集的路径
						1					0200	缓冲溢出标志
							1				0100	条目号
								1			0080	配置号

Client 使能报告后，IED 开始根据报告触发条件上送报文，如图 9-16 所示。

图 9-16　使能报告

子系统与装置连接成功后，会对所有报告进行一次总召，如图 9-17 所示。Client 写 GI（General Interrogation）的值为 TRUE，装置应上送整个报告对应的全部数据（如图 9-18 所示），包括变位遥信（如图 9-19 所示）。

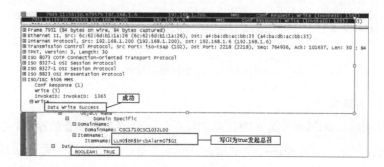

图 9-17　发起总召

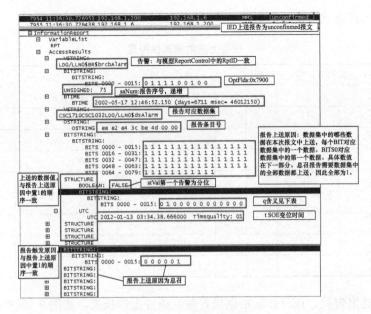

图 9-18　上送总召报告

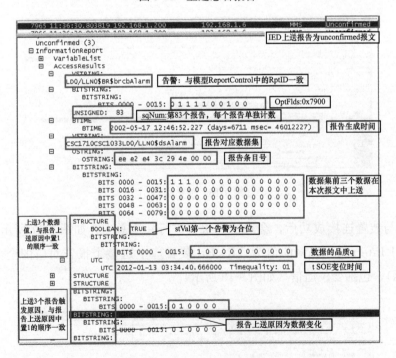

图 9-19　上送变位遥信报告

9.1.3　控制报文

如图 9-20 所示，ctlModel 为 4 的控点如压板、断路器为带预置的控制，Client 先发预置命令再发执行命令。预置和执行命令均为 write 命令。IED 收到预置令后只要通过合法性检查（状态是否已经达到目标态，当前是否正在执行控令过程中等）既认为预置成功，返回 write 的 response。

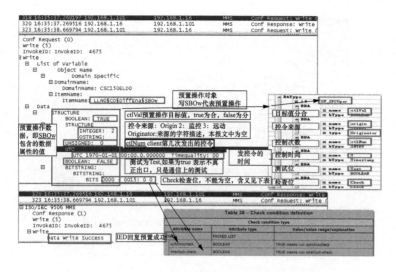

图 9-20　预置（预选、预令）write

如图 9-21 所示，ctlModel 为 1 的控点如复归 LEDRs，为直接控制模式，即没有预置的过程，直接写 Oper 进行执行。IED 收到执行令后成功发给下级 cpu 既返回执行成功。

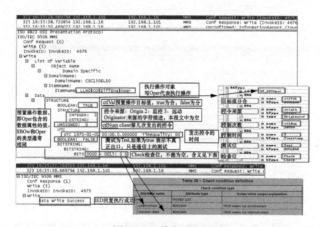

图 9-21　执行 Write

对于 ctlModel 为 4 的控制对象，每次控制操作结束后 IED 都应发送一个 Information-Report 报告通知 client 端，本次操作的最终结果。ctlModel 为 1 的控不发送此报文。

如图 9-22 所示，IED 应根据所控目标的状态是否已经正确变位来判断本次操作是否成功来组织操作结束报文 InformationReport，通信子系统只有收到此报文才认为一次控制结束，并根据 InformationReport 判断控制结果。如果 IED 不发送 InformationReport，子系统认为控制失败。

9.1.4　定值报文

如图 9-23～图 9-25 所示，读取定值的报文。

如图 9-26～图 9-28 所示，非当前运行区标准中以编辑区表示，如果当前运行区为 1 区，需要操作 2 区定值，则操作前应先把编辑区切换到 2 区。

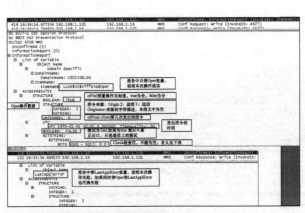

图 9-22 控制操作结束报告 InformationReport

图 9-23 读定值区个数 Read

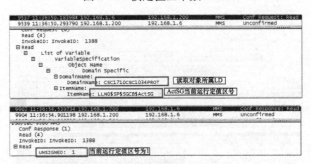

图 9-24 读当前运行定值区号 Read

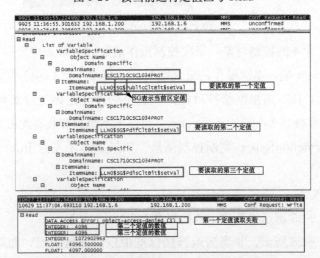

图 9-25 读当前运行区定值 Read

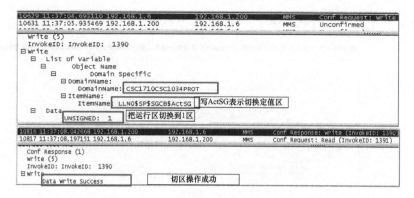

图 9-26 切换当前运行区号 write

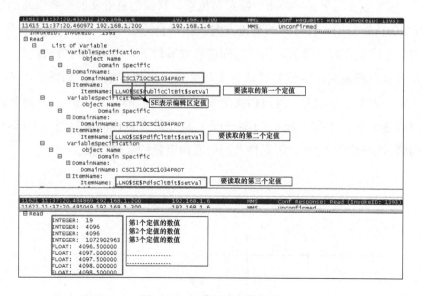

图 9-27 切编辑区定值区号 write

图 9-28 切编辑区定值 read

如图 9-29 所示，标准中规定当前运行定值 fc＝SG 不可写。如当前运行区为 1，要想修改 1 区定值，需首先把编辑区且到 1 区，再写 fc＝SE 的定值即可。

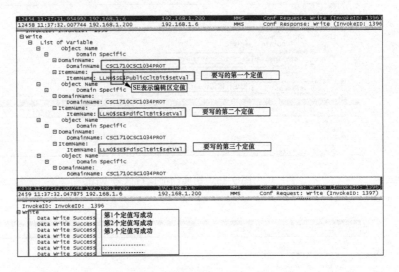

图 9-29　写定值 write

9.2　GOOSE 报文读取与分析

IEC 61850 标准中定义的面向通用对象的变电站事件（GOOSE）以快速的以太网多播报文传输为基础，代替了传统的智能电子设备（IED）之间硬接线的通信方式，为逻辑节点间的通信提供了快速且高效可靠的方法。

GOOSE 服务主要用于保护跳闸、断路器位置，联锁信息等实时性要求高的数据传输。GOOSE 报文的传输使用一种特殊的重传方案来获得合适级别的可靠性。重传序列中的每个报文都带有允许生存时间参数，用于通知接收方等待下一次重传的最长时间。如在该时间间隔内没有收到新报文，接收方将认为关联丢失。事件传输时间如图 9-30 所示。从事件发生时刻第一帧报文发出起，经过两次最短传输时间间隔 T1（2ms）重传两帧报文后，重传间隔时间逐渐加长（T2：4ms，T3：8ms）直至最大重传间隔时间 T0（5s）。重传报文机制是网络传输兼顾实时性、可靠性及网络通信流量的最佳方案。

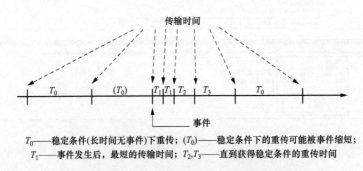

图 9-30　GOOSE 事件传输时间

GOOSE 数据传输以主动无须确认的发布者/订阅者组播方式发送变化信息，其发布者和订阅者状态流程如下：

(1) GoEna＝True（GOOSE 使能），发布者发送数据集当前数据，事件计数器置 1 (StNum＝1)，报文计数器置 1 (SqNum＝1)。

(2) 发送数据，SqNum＝0，发布者启动根据允许生存时间确定的重发计时器，重发计时器计时时间比允许生存时间短（通常为一半）。

(3) 重发计时器到时触发 GOOSE 报文重发，SqNum 加 1。

(4) 重发后，开始下一个重发间隔，启动重发计时器。重发间隔计算方法和重发之间的最大允许时间都由发布者确定。最大允许时间应小于 60s。

(5) 当数据集成员数据发生变化时，发布者发送数据，StNum＋1，SqNum＝0。

(6) GoEna＝False，所有的 GOOSE 变位和重发报文均停止发送。

(7) 订阅者收到 GOOSE 报文，启动允许生存时间定时器。

(8) 允许生存时间定时器到时溢出。

(9) 收到有效 GOOSE 变位报文或重发报文，重启允许生存时间定时器。

GOOSE 数据传输主要有以下特点：

(1) 基于发布者/订阅者结构的组播传输方式。发布者/订阅者结构支持多个通信节点之间的直接通信，与点对点通信结构和客户端/服务器通信结构相比较，发布者/订阅者通信结构是一个数据源（即发布者）向多个接收者（即订阅者）发送数据的最佳方式，尤其适合于数据流量大，实时性要求高，数据需要共享的数据通信，这一点非常适合于变电站内自动化系统的 IED 之间数据交换与共享。发布者/订阅者通信结构符合 GOOSE 报文传输本质，是事件驱动的。

(2) 逐渐加长间隔时间的重传机制。为了提高可靠性，通常采用应答方式确定接收者是否收到。如果在一定时间内没有收到应答报文或收到接收错误的报文，发送者可以采取重发的方法弥补前一次通信失败。但是，这种应答方式难以满足快速通信需求，尤其是在报文丢失的情况下，重发可能需要等待较长时间。无需应答确认机制，直接逐渐加长间隔重传报文的方法是网络传输兼顾实时性、可靠性及网络通信流量的最佳方案。

(3) GOOSE 报文携带优先级/VLAN 标志。在数据链路层，为了提高速度，GOOSE 报文采用 VLAN 标签协议，在数据中增加优先级，支持 VLAN 标签协议的以太网交换机会根据优先级进行实时处理，保证其实时特性。

(4) 应用层经表示层后，直接映射到数据链路层。GOOSE 服务的通信协议栈只用了国际标准化组织开放系统互联（ISO/OSI）中的 4 层，不经过会话层、网络层和传输层，大大提高可靠性和降低传输延时。

(5) 基于数据集传输。数据集是有序的功能约束数据或功能约束数据属性集合。客户端/服务器或发布者/订阅者双边均知道数据集的成员和顺序，因此基于数据集的通信仅需要传输数据集名及其引用的数据或数据属性当前值，这将有效利用通信带宽。另外，经过会话层的标准编码，数据集可以传输标准规定的各种数据类型，包括模拟量、时标、品质等。

GOOSE 报文的帧格式如表 9-2 所示。

表 9-2　　　　　　　　　　　　　　GOOSE 报文的帧格式

从高到低 8 位	8	7	6	5	4	3	2	1
Header（报文头） MAC（物理地址）	MAC 目的地址（6 字节） ＝0x010CCD010000～0x010CCD0101FF							
	MAC 源地址（6 字节）							
Priority Tagged （报文类型） Header Ethertype （网络数据类型）	TPID（2 字节类型）＝0x8100							
	TCI（2 字节）＝0x4000							
	APPID（2 字节）＝0x0000～0x3FFF							
	Length（2 字节）＝8＋m							
	Reserved1（2 字节）＝0x0000							
	Reserved2（2 字节）＝0x0000							
	ASDU（m 字节＜1480）							
MAC（t 填充）	(Pad bytes if necessary)（若干字节）							
MAC 计算检验	CRC（4 字节）							

其中 ASDU 格式（断路器量）说明如表 9-3 所示。

表 9-3　　　　　　　　　　　　ASDU 格式（断路器量）说明

说明	报文内容
gocbRef 字符串	类型＝80H
	长度≤65
	gocbRef 字符串
有效时间 t，INT 32U，单位：ms	类型＝81H
	长度≤4
	t
DataSet 名字符串	类型＝82H
	长度≤65
	DataSet 名字符串
goID 字符串	类型＝82H
	长度≤65
	DataSet 名字符串
(StNum＋1) 时的时间，精确到 ms	类型＝84H
	长度＝8
	t
变化序号，INT32U，每次报文中的数据有变位时，此值加 1，初始值为 1，值 0 保留	类型＝85H
	长度≤4
	StNum

续表

说明	报文内容
报文（递增）顺序号，INT32U，每次报文中的数据有变位时，此值加1，初始值为1，值0保留，StNum变化时此值复归0	类型＝86H
	长度≤4
	SqNum
测试标志 test，BOOLEAN	类型＝87H
	长度＝1
	Test
配置版本号（配置次数），INT32U	类型＝88H
	长度≤4
	ConfRev
未配置好标志，BOOLEAN	类型＝89H
	长度＝1
	NdsCom
GOOSE 数据总个数，INT32U	类型＝8aH
	长度≤4
	总个数
GOOSE 数据的报头	类型＝abH
	长度
GOOSE 数据1 C1/KZGGIO1.DPCSO.stVal	类型＝83H
	长度＝1
	StVal
GOOSE 数据1 C1/KZGGIO1.DPCSO.q	类型＝84H
	长度＝3
	03H
	q（2字节）
GOOSE 数据1 C1/KZGGIO1.DPCSO.t	类型＝91H
	长度＝8
	t
GOOSE 数据2	……

q 属性为 1 字节（bit.1～16），bit.1～13 每位含义如表 9-4 所示。

表 9-4　　　　　　　　　　　属 性 说 明

Bit.1～2	Bit.3	Bit.4	Bit.4	Bit.5	Bit.6
0＝正常， 1＝无效 2＝保留 3＝有问题	溢出	出界	错误引用	抖动	失败
Bit.8	Bit.9	Bit.9	Bit.10	Bit.11	Bit.12
旧数据	不一致	不准切	取代	测试	闭锁

注　Bit.13～15 未用。

下面以具体实例对 GOOSE 报文进行读取分析。GOOSE 报文的抓取采用 WireShark 软件，图形化的界面，使用起来比较简单，注意选择正确的网卡即可。图 9-31 是抓取的一个实际 GOOSE 报文，以此为例解析 GOOSE 报文。

图 9-31 GOOSE 报文

GOOSE 报文中主要分为网络参数、GOOSE 参数和 GOOSE 数据，网络参数主要有目的地址和源地址。

（1）Destination（目的地址）：一种组播 MAC 地址，在交换机上以组播的形式传播，GOOSE 的目的地址一般以 01-0C-CD-01 开头，后两个字节可以自由的分配，是全站唯一的，范围为：01-0C-CD-01-00-00～01-0C-CD-01-3F-FF，是 GOOSE 报文订阅机制的主要参数之一，它的正确配置是过程层实现通信的基本条件，工作人员可将其认定为 GOOSE 数据的唯一标识。

（2）Source（源地址）：装置板卡的物理地址，过程层应用中没有实际的意义，但要保证其不能冲突，物理地址是可以修改的。

APPID 是 GOOSE 报文的另一个重要的标示，一般配置成与目的地址的后两个字节相同。

Time allowed to live 值一般为 T_0 值的 2 倍，本例中为 10000ms。该参数主要用于 GOOSE 断链的判断，在 2 倍的 Time allowed to live（在这里为 20000ms 即 20s）时间内未收到下一帧报文，接收方即发出 GOOSE 断链告警。对于一个重发的 goose 报文，会在报文中附带该参数告知接收方等待下一个重发的 goose 报文的最长时间，如果在该时间内，接收方没有收到重发的报文，就可以认为是发生了通信中断。

StateNumber（状态号）：范围是 0～4294967295，从 0 开始，每变化一次，该值加 1。

SequenceNumber（序号）：范围是 0～4294967295，从 0 开始，每发送一次 GOOSE 报文，该值加 1。

TEST：检修标识，表示 GOOSE 源的检修状态。

confRev：配置版本，来源于于 GOOSE 文本中控制块的 ConfRev，可在 GOOSEID 文本中配置，默认为 1。

ndsCom：Needs Commissioning，暂时未使用到。

如图 9-32 所示，gocbRef：控制块引用名为 ML2017MUGO/LLN0＄GO＄gocb0。

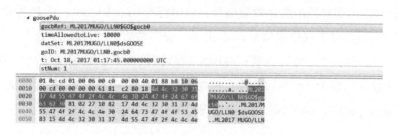

图 9-32　GOOSE 报文 gocbRef

如图 9-33 所示，datSet：控制块对应的数据集引用名 ML2017MUGO/LLN0＄ds-GOOSE，来源于 GOOSE 文本中控制块的 DatSet。

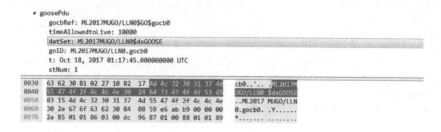

图 9-33　GOOSE 报文 datSet

如图 9-34 所示，goID：GOOSE 控制块 ID 为 ML2017MUGO/LLN0.gocb0。

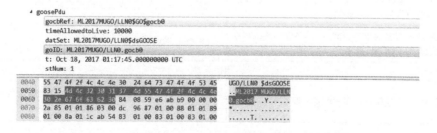

图 9-34　GOOSE 报文 goID

t：GOOSE 数据最后一次变位的 UTC 时间，此时间格式共占 8 个字节，如图 9-35 所示，其中的前四个字节是从 1970 年 1 月 1 日 0 时 0 秒 0 分 0 秒至报文截取时间流过的秒数，紧跟着的 3 个字节是秒的小数部分，最后的一个字节是时间的品质和精度。

```
▲ goosePdu
    gocbRef: ML2017MUGO/LLN0$GO$gocb0
    timeAllowedtoLive: 10000
    datSet: ML2017MUGO/LLN0$dsGOOSE
    goID: ML2017MUGO/LLN0.gocb0
    t: Oct 18, 2017 01:17:45.000000000 UTC
    stNum: 1
```

```
0040  55 47 4f 2f 4c 4c 4e 30   24 64 73 47 4f 4f 53 45   UGO/LLN0 $dsGOOSE
0050  83 15 4d 4c 32 30 31 37   4d 55 47 2f 4c 4c 4e       ..ML2017 MUG/LLN
0060  30 2e 67 6f 63 62 30 84   08 59 e6 ab b9 00 00 00   0.gocb0. .Y......
0070  2a 85 01 01 86 03 00 dc   96 87 01 00 88 01 01 89   *.......
0080  01 00 8a 01 1c ab 54 83   01 00 83 01 00 83 01 00   ......T.
```

图 9-35　GOOSE 报文时间 t

　　常见的 GOOSE 参数分为布尔型、位串行、时间型、浮点型四种类型数据。布尔型有 0 和 1 两种状态，用于普通的断路器量信号；位串行有 01、10、00、11 四种状态，一般用于断路器、隔离断路器等双位置信号，01 表示"分"位置，10 表示"合"位置，00 表示"中间"位置，11 表示"无效"位置；时间型的数据用于表示数据变位的 UTC 时间，通常在数据集中建立属性为 t 的条目；浮点型用于传递温度、湿度等模拟量采集信号。

　　在实际应用过程中，GOOSE 常见异常现象及分析总结如表 9-5 所示。

表 9-5　　　　　　　　　　　GOOSE 常见异常现象及分析总结

异常表现	异常分析
GOOSE 通信异常	
1. StNum 不变，SqNum 跳变 2. StNum 跳变	报文丢失
3. 顺序计数 SqNum 以及报文内容和上一帧 GOOSE 报文完全相同	报文重复
4. 状态计数 StNum 小于上一帧 GOOSE 报文的 StNum，且 StNum 不等于 1。 5. 顺序计数 sqNum 小于上一帧 GOOSE 报文的 sqNum，且 sqNum 不等于 1	报文逆转
6. 状态计数 StNum 大于上一帧 GOOSE 报文的 StNum 加 1，且 StNum 不等于 1	报文状态跳跃或有丢失
7. GOOSE 报文状态计数 StNum 发生变化，但数据集的内容却没有变化，反之亦然	虚假状态变位或错误报文或报文有丢失
8. 在 GOOSE 报文的生存时间（timeAllowedtoLive）内没有收到新的 GOOSE 报文	GOOSE 链路断开
语法异常	
1. 目的 MAC 地址错误发布方配置错误	目的 MAC 为广播或组播地址，标准规定范围为：01-0C-CD-01-00-00～01-0C-CD-01-01-FF
2. GOOSERef，DataSet，GOOSEID 与 SCL 文件中内容不匹配	GOOSE 链路出错或发布方配置错误
3. GOOSE 报文中数据集的格式、数量和 SCL 文件中定义的不一致	GOOSE 链路出错或发布方配置错误
4. 配置版本（confRev）等于 0	发布方配置错误。0 为保留值，confRev 不能使用

某变电站现场有遥信变位，获取智能终端报文如图 9-36 所示，试分析问题与原因。

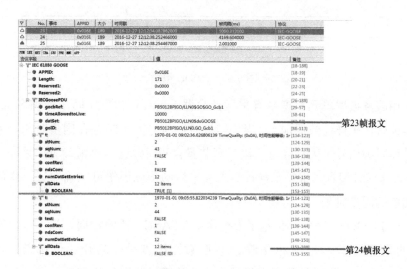

图 9-36 GOOSE 异常报文

从报文中可以看出：

第 23 帧报文中 GOOSE stNum＝2，sqNum＝43，条目 1 值为 TRUE，帧间隔为5000ms。

第 24 帧报文中 GOOSE stNum＝2，sqNum＝44，条目 1 值为 FALSE。

第 25 帧报文与第 24 帧报文帧间隔为 2ms。

GOOSE 数据集数据条目发生改变，正常情况下应该 stNum＋1，sqNum＝0。

可以判断出该智能终端程序可能存在缺陷。

9.3 SV 报文读取与分析

SV 即实时传输数字采样信息的传输方法，IEC 61850 标准中采样值的传输所交换的信息是基于发布/订阅机制。在发送侧发布方将值写入发送缓冲区；在接收侧订阅者从当地缓冲区读值。在值上加上时标，订阅者可以校验值是否及时刷新。通信系统负责刷新订阅者的当地缓冲区。本节主要介绍 SV 报文的传输机制、结构以及实例解析。

SV 通信服务映射使用带采样计数器 SmpCnt 和采样同步标识 SmpSynch 的方式，按一定采样率同步采样的数据定期传送。当采样速率较高时，SV 通信服务映射应提供在应用协议数据单元 APDU 被递交到传输缓冲区前，将若干应用服务数据单元 ASDU 连接成一个应用协议数据单元的性能。一个应用协议数据单元的应用服务数据单元个数是可以配置的，并与采样速率有关，但为了减少实现的复杂性，应用服务数据单元配置不是动态的。当若干应用服务数据单元连接成一帧时，带有最早采样值的应用服务数据单元是帧中的第一个应用服务数据单元，如图 9-37 所示。

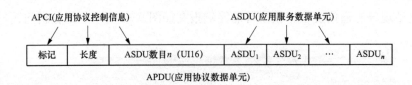

图 9-37　APDU 组成

每个应用服务数据单元都携带有采样计数器 SmpCnt 和采样同步标识 SmpSynch。当取得新采样值时，采样计数器加 1；当采样被时钟信号同步时并在同步时刻，采样计数器清零。当采样时钟信号失去且经过一段时间装置自身时钟已不再精确时，采样同步标识应为 "False"，这样订阅者可根据采样计数器和采样同步标识便可准确知道采样值报文是否同步以及相应的同步时刻。

SV 服务与 GOOSE 服务都是基于数据集 DATASET 传输数据，都可以快速传输任何标准规范的数据格式，包括布尔量、整形数、浮点数、品质、位串等。不同的是，GOOSE 服务是在数据集成员数据变化时传输，并通过逐渐加长直至最大重传间隔时间重传数据提高可靠性；SV 报文是快速连续传输的，传输的数据需要同步采样。正常情况下，采样值传输数据流量远远大于 GOOSE 报文传输数据流量，可以将多个应用服务数据单元 ASDU 合并到一个应用协议数据单元统一传输，减少网络带宽占用。

SV 服务主要有以下特点：

(1) 基于发布者/订阅者结构的组播传输方式。

(2) 同步数据采样。SV 报文数据严格按时钟同步采样，并保持采样频率、次数和顺序恒定。

(3) 应用服务数据单元可合并。为减少采样值传输的数据流量，提高网络传输效率，可将多个应用服务数据单元合并到一个应用协议数据单元一同发送。

(4) SV 报文携带优先级/VLAN 标志。与 GOOSE 报文相同，SV 报文采用 VLAN 标签协议，在数据中增加表示优先级的内容，支持流量优先权控制协议的以太网交换机会根据优先级进行实时处理，保证其实时特性。

(5) 应用层经表示层后，直接映射到数据链路层。GOOSE 服务的通信协议栈相同。SV 服务也只用了国际标准化组织开放系统互联（ISO/OSI）中的 4 层，不经过会话层、网络层和传输层，其目的是提高可靠性和降低传输延时，降低实现的复杂性。

(6) 基于数据集传输。

下面是一段采用 Ethereal 软件截取的 SV 报文，进行实例分析，解析示意如图 9-38 所示。

解析：

(1) MAC 地址域包括目的地址和源地址：必须配置符合 ISO/IEC 8802-3 的多播目的地址。

(2) EtherType（以太网报文类型）域：SV 直接映射到保留的以太网类型和以太网类型协议数据单元，分配值为 0x88BA。

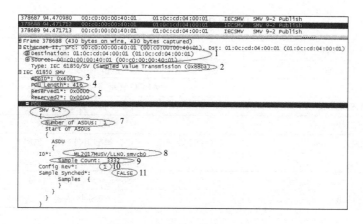

图 9-38 SV 报文解析示意图

（3）APPID（应用标识）域：APPID 用于选择采样值信息并能够区分应用关联。SV 的 APPID 值预留值范围是 0x4000～0x7fff。如 APPID 未配置，其缺省值为 0x4000。缺省值用于表示缺乏配置。

（4）Length（长度）域：长度字节数包含从 APPID 开始以太网类型 PDU 和应用协议数据单元 APDU 的长度。故长度应是 $8+m$，其中 m 是 APDU 的长度，且 $m<1492$。与此不一致的帧或非法长度域的帧将被丢弃。

（5）Reserved1 和 Reserved2（保留 1 和保留 2）域：为未来标准化的应用而保留，缺省值为 0。

（6）APDU（报文内容）域：一个 APDU 可以由多个 ASDU 链接而成。

（7）Number of ASDUs：表示报文中 ASDU 的个数为一个。

（8）ID：ML2017MUSV/LLN0. smvcb0。

（9）Sample Count：计数器，每个周波采样点 80，计数器从 0～3999，在 4000 处清零。

（10）Config Rev：版本号。

（11）Sample Synched：同步标识，TRUE 表示已同步上。

在解析 SV 报文过程中，计算采样值的时候，电压的精度为 10mV，电流的精度为 1mA，乘以计算出对应二进制转换成的十进制数（正数用原码表示，负数用补码表示）即为峰值，再计算出有效值即可，根据智能站的采样模式判断计算出的值为一次值或二次值，求取对应的一、二次值。

表 9-6～表 9-9 为常见 APDU 部分结构和对应说明，请参考。

表 9-6   IEC 61850-9-2 采样值报文 APDU 部分

Tag	Length	ASDU 数目 n（u16）	ASDU$_1$	ASDU$_2$	……	ASDU$_n$

采用与基本编码规则（BER）相关的 ASN.1 语法对通过 ISO/IEC 8802-3 传输的采样值信息进行编码。

表 9-7   IEC 61850-9-2 采样值报文 APDU 结构

报文术语内容	释文说明
savPdu tag	APDU 标记（＝0x60）
savPdu length	APDU 长度（从 noASDU tag 开始）
noASDU tag	ASDU 数目标记（＝0x80）
noASDU length	ASDU 数目长度
noASDU value	ASDU 数目值（＝1），类型 INT16U 编码为 asn.1 整型编码
Sequence of ASDU tag	ASDU 序列标记（＝0xA2）
Sequence of ASDU length	Sequence of ASDU 长度
ASDU	ASDU 内容

表 9-8   IEC 61850-9-2 采样值报文 ASDU 结构

内容	说明
ASDU tag	ASDU 标记（＝0x30）
ASDU length	ASDU 长度
svID tag	采样值控制块 ID 标记（＝0x80）
svID length	采样值控制块 ID 长度
svID value	采样值控制块 ID 值类型：VISBLE STRING 编码为 asn.1 VISBLE STRING 编码
smpCnt tag	采样计数器标记（＝0x82）
smpCnt length	采样计数器长度
smpCnt value	采样计数器值，类型 INT16U 编码为 16 Bit Big Endian
confRev tag	配置版本号标记（＝0x83）
confRev length	配置版本号长度
confRev value	配置版本号值，类型 INT32U 编码为 32 Bit Big Endian
smpSynch tag	采样同步标记（＝0x85）
smpSynch length	采样同步长度
smpSynch value	采样同步值，类型 BOOLEAN 编码为 asn.1 BOOLEAN 编码
Sequence of data tag	采样值序列标记（＝0x87）
Sequence of data length	采样值序列长度
Sequence of data value	采样值序列值

表 9-9   IEC 61850-9-2 采样值报文采样值序列结构

保护 A 相电流	类型 INT32，编码为 32 Bit Big Endian
保护 A 相电流品质	类型为 quality，8-1 中映射为 BITSTRING 编码为 32 Bit Big Endian
...	
（保护 B、C 相电流，品质）	
中线电流	
中线电流品质	

续表

测量 A 相电流	
测量 A 相电流品质	
… （测量 B、C 相电流，品质）	
A 相电压	
A 相电压品质	
… B、C 相电压，品质	
零序电压	
零序电压品质	
母线电压	
母线电压品质	

基本编码规则的转换语法具有 T-L-V（类型-长度-值 Type-Length-Value）或者是（标记-长度-值 Tag-Length-Value）三个一组的格式。所有域（T、L 或 V）都是一系列的 8 位位组。值 V 可以构造为 T-L-V 组合本身。

APDU 的 Length 表示数据域的长度。假定数据域的字节数为 n。按 ASN.1 的编码规则，当 $n \leqslant 127$ 时 Length 只有一个字节，值为 n；当 $n > 127$ 时，Length 有 2～127 字节，第一个字节的 Bit7 为 1，Bit0～6 为 Length 总字节数，第二个字节开始给出 n，基于 256，高位优先。

对于 SV 报文品质位的解析如下：

quality：　0x00000000，　validity：　good，　source：　process

　　　　.... ....00 ＝validity：　good（0x00000000）

　　　　.... .... .0.. ＝overflow：　False

　　　　.... .... 0... ＝out of range：　False

　　　　.... ....0 .... ＝bad reference：　False

　　　　.... ....0. .... ＝oscillatory：　False

　　　　.... .... .0.. .... ＝failure：　False

　　　　.... .... 0... .... ＝old data：　False

　　　　.... ....0 .... ＝inconsistent：　False

　　　　.... ....0. .... ＝inaccurate：　False

　　　　.... .... .0.. .... ＝source：process（0x00000000）

　　　　.... .... 0... .... ＝test：　False

　　　　.... ....0 .... ＝operator blocked：　False

　　　　.... ....0. .... ＝derived：　False

在实际应用过程中，SV 常见异常现象及分析总结见表 9-10。

表 9-10 SV 常见异常现象及分析总结

异常表现	异常分析
对时异常	
1. 采样计数器 smpCnt 没有顺序递增 2. 采样计数器 smpCnt 的范围超过 0-3999 3. 采样计数器 smpCnt 重复 4. 采样计数器 smpCnt 翻转异常	若跳变一次视为正常，规定为保证与时钟信号快速同步，允许在 PPS 边沿时刻采样序号跳变一次。其他情况合并单元故障，需检查配置文件
5. smpSynch 为 0	合并单元失步，可能外部对时信号丢失且内部时钟守时精度不满足同步要求
通信异常	
1. SV 断链	可能数据超时、解码出错、采样计数器出错
采样异常	
1. 采样异常	可能 SV 接收压板未投入
语法异常	
1. SV 配置文件错	SV 配置通道数目大于装置限值
2. SV 报文中数据集的格式、数量和 SCL 文件中定义的不一致	SV 链路出错或发布方配置错误
3. 配置版本（confRev）等于 0	发布方配置错误。0 为保留值，confRev 不能使用

9.4 IEC 60870-5-104 报文分析方法

控制站与被控站之间连接交换的是 IEC 60870-5-104（简称 104）应用层协议数据单元（APDU，Application Protocol Data Unit）。每个 APDU 都是由唯一的应用规约控制信息（APCI，Application Protocol Control Information）以及一个可能的应用服务数据单元（ASDU，Application Service Data Unit）组成，如图 9-39 所示。传输接口（TCP 到用户）是一个定向流接口为了检出 ASDU 的启动和结束，每个 APCI 包括下列的定界元素：一个启动字符、APDU 的规定长度、控制域，可以传送一个完整的 APDU（出于控制目的，仅仅是 APCI 域也是可以被传送的），如图 9-40 所示。

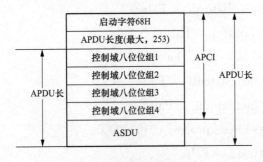

图 9-39 远动配套标准的 APDU 定义

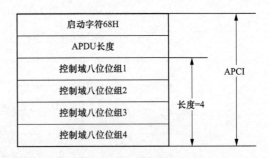

图 9-40 远动配套标准的 APCI 定义

以上所使用的缩写如下所示：

APCI——应用规约控制信息。

ASDU——应用服务数据单元。

APDU——应用规约数据单元。

APCI 中启动字符即 68H，定义了数据流中的起点。APDU 的长度域定义了 APDU 体的长度，它包括 APCI 的四个控制域八位位组和 ASDU。第一个被计数的八位位组是控制域的第一个八位位组，最后一个被计数的八位位组是 ASDU 的最后一个八位位组。ASDU 的最大长度限制在 249 以内，因为 APDU 域的最大长度是 253（APDU 最大值＝255 减去启动和长度八位位组），控制域的长度是 4 个八位位组。

控制域定义了保护报文不至丢失和重复传送的控制信息，报文传输启动/停止，以及传输连接的监视等；定义了三种类型报文格式：I——格式即编号的信息传输格式（Information Transmit Format）；S——格式即编号的监视功能格式（Numbered supervisory functions）；U——格式即不编号的控制功能格式（Unnumbered control function）。

1. I 格式（Information Transmit Format）

（1）I 格式控制域标志：

1）第一个八位位组的第一位为 0。

2）第三个八位位组第一位为 0。

（2）特别规定：

1）I 格式的 APDU 至少必须包含一个 ASDU。

2）I 格式的控制信息如表 9-11 所示。

表 9-11　　　　　　　　　信息传输格式类型（I 格式）的控制域

发送序列号 N（S）		0	八位位组 1
发送序列号 N（S）			八位位组 2
接收序列号 N（R）		0	八位位组 3
接收序列号 N（R）			八位位组 4

2. S 格式（Numbered supervisory function）

（1）S 格式控制域标志：

1）第一个八位位组的第一位为 1 并且第二位为 0。

2）第三个八位位组第一位为 0。

（2）特别规定：

1）S 格式的 APDU 只包括 APCI。

2）S 格式的控制信息如表 9-12 所示。

3. U 格式（Unnumbered control function）

（1）U 格式控制域标志：

1）第一个八位位组的第一位为 1 并且第二位为 1。

2）第三个八位位组第一位为 0。

表 9-12   编号的监视功能类型（S格式）的控制域

Bit	8	7	6	5	4	3	2	1	
	0						0	1	八位位组 1
	0								八位位组 2
	接收序列号 N（R）							0	八位位组 3
	接收序列号 N（R）								八位位组 4

（2）特别规定：

1）U 格式的 APDU 只包括 APCI。

2）在同一时刻，TESTFR，STOPDT 或 STARTDT 中只有一个功能可以被激活。

3）U 格式的控制信息如表 9-13 所示。

表 9-13   未编号的控制功能类型（U格式）的控制域

Bit8	7	6	5	4	3	2	1	
TESTFR		STOPDT		STARTDT		1	1	八位位组 1
确认	命令	确认	命令	确认	命令			
0								八位位组 2
0							0	八位位组 3
0								八位位组 4

104 应用报文类型标识如下：

〈1〉：=单点信息   M _ SP _ NA _ 1

〈3〉：=双点信息   M _ DP _ NA _ 1

〈9〉：=测量值，规一化值   M _ ME _ NA _ 1

〈11〉：=测量值，标度化值   M _ ME _ NB _ 1

〈30〉：=带时标 CP56Time2a 的单点信息   M _ SP _ TB _ 1

〈31〉：=带时标 CP56Time2a 的双点信息   M _ DP _ TB _ 1

〈34〉：=带时标 CP56Time2a 的测量值，规一化值   M _ ME _ TD _ 1

〈35〉：=带时标 CP56Time2a 的测量值，标度化值   M _ ME _ TE _ 1

〈45〉：=单命令   C _ SC _ NA _ 1

〈46〉：=双命令   C _ DC _ NA _ 1

〈48〉：=设点命令，规一化值   C _ SE _ NA _ 1

〈61〉：=带 CP56Time2a 时标的设定值命令、规一化值   C-SE-TA-1

〈137〉：=带 CP56Time2a 时标的多点设定值命令、规一化值   C-SE-TD-1

〈70〉：=初始化结束   M _ EI _ NA _ 1

〈71..99〉：=保留

〈100〉：=总召唤命令   C _ IC _ NA _ 1

〈102〉：＝读命令　　　　　　　　　　　　　　　　　　C＿RD＿NA＿1

〈103〉：＝时钟同步命令　　　　　　　　　　　　　　　C＿CS＿NA＿1

〈105〉：＝复位进程命令　　　　　　　　　　　　　　　C＿RP＿NA＿1

9.4.1　启动、停止和测试数据传输报文（见表9-14）

在 STOPDT 状态下，控制站通过向被控站发送 STARTDT 激活 U 帧（指令）来激活 TCP 连接上的用户数据传输，并由被控站用 STARTDT 确认 U 帧响应这个命令之后，转入 STARTDT 状态。控制站在发送 STARTDT 激活 U 帧（指令）的同时，需要设置一个触发时间为 t_1 的确认超时定时器。如果在该定时器超时之前未能获得来自被控站的 STARTDT 确认 U 帧，这条 TCP 连接将被控制站关闭。因此，在完成站初始化之后，STARTDT 激活 U 帧和 STARTDT 确认 U 帧必须总是在初始化结束、总召唤请求与响应、遥测越死区突发等用户数据之前传送。任何被控站只有在接收到 STARTDT 激活 U 帧并发回 STARTDT 确认 U 帧之后才能发送用户数据。在 TCP 连接重新建立之后，如果用户进程有这样的需要，未经确认的报文可以在 STARTDT 过程完成之后被再次传送。

表 9-14　　　　　　　　　　　　启动和停止数据的帧格式

确认	激活/生效	确认	激活/生效	确认	激活/生效	1	1
0							
0							0
0							

1. 启动数据传输（见表 9-15）

报文：68 04 07 00 00 00

解析：

启动字符：68H

APDU 长度：04H

数据单元长度为 4

控制域：07000000H

U 格式　帧启动数据传输生效

STARTDT：ACT＝1，CON＝0，STOPDT：ACT＝0 CON＝0，TESTER：ACT＝0，CON＝0

表 9-15　　　　　　　　　　　　　启 动 数 据 传 输

TESTER		STOPDT		STARTDT		1	1
0	0	0	0	0	1		
0							
0							0
0							

控制域第一个八位位组第三位为1，为启动数据传输。

2. 确认数据传输（见表9-16）

报文：68 04 0B 00 00 00

解析：

启动字符：68H

APDU 长度：04H，数据单元长度为4

控制域：0B000000H

U 格式　确认数据传输

STARTDT＝2（ACT＝0 CON＝1），STOPDT＝0，TESTER＝0

表 9-16　　　　　　　　　　　确 认 数 据 传 输

TESTER		STOPDT		STARTDT		1	1
0	0	0	0	1	0		
0							
						0	0
0							

控制域第一个八位位组第四位为1，为启动数据传输确认。

3. 停止数据传输（见表9-17）

与启动传输控制过程类似，在 STARTDT 状态下，控制站通过向被控站发送 STOP-DT 激活 U 帧（指令）来停止 TCP 连接上的用户数据传输，并由被控站用 STOPDT 确认 U 帧响应这个命令之后，转入 STOPDT 状态。同样，控制站在发送 STOPDT 激活 U 帧（指令）的同时，也需要设置一个触发时间为 t_1 的确认超时定时器。如果在该定时器超时之前未能获得来自被控站的 STOPDT 确认 U 帧，这条 TCP 连接也将被控制站关闭。

报文：68 04 13 00 00 00

解析：

启动字符：68H

APDU 长度：04H，数据单元长度为4

控制域：13000000H

U 格式　停止数据传输

STARTDT＝0，STOPDT＝1，TESTER＝0

表 9-17　　　　　　　　　　　停 止 数 据 传 输

TESTER		STOPDT		STARTDT		1	1
0	0	0	1	0	0		
0							
						0	0
0							

控制域第一个八位位组第五位为 1，为停止数据传输。

4. 确认停止数据传输（见表 9-18）

报文：68 04 23 00 00 00

解析：

启动字符：68H

APDU 长度：04H，数据单元长度为 4

控制域：23000000H

U 格式　确认停止数据传输

STARTDT＝0，STOPDT＝2，TESTER＝0

表 9-18　　　　　　　　　　确 认 停 止 数 据 传 输

TESTER		STOPDT		STARTDT		1	1
0	0	1	0	0	0		
0							
0						0	
0							

控制域第一个八位位组第六位为 1，为停止数据传输确认。

5. 测试数据传输（见表 9-19）

测试过程的主要目的是为了防止假在线，在 104 中是必需的。这是因为，对于相对空闲的 TCP 连接，一旦发生故障，控制站和被控站不一定总是能够及时发现；如果人为地限时启动测试过程，就可以及时发现故障，并且尽早发现故障并启动恢复尝试。因此规定，无论是控制站，还是被控站，均必须判断启动测试过程的条件。一旦条件满足，在规定的时间段内没有数据传输，就必须实际启动测试过程。控制站和被控站对以上条件的监视必须是独立进行的。对于尚未进入 STARTDT 启动传输状态的 TCP 连接，以及所有可能的冗余连接，也必须做启动测试过程条件的监视，并在条件满足时实际启动测试过程。控制站和被控站，均必须设置一个触发时间为 t_3 的限时启动测试超时定时器。每接收一帧，无论是 I 帧、S 帧还是 U 帧，均重新设置其触发时间为 t_3。任何站一旦发现其上述定时器发生超时，就是满足了启动测试过程的条件，需要实际启动测试过程。如果接收到对方发来的测试帧，也将导致重新设置本端的限时启动测试超时定时器的触发时间为 t_3。测试过程通过向对方发送 TESTER 激活命令来启动，由于该命令期待获得对方的确认，所以参照启动、停止、I 帧等情形，需要设置一个触发时间为 t_1 的等待确认超时定时器。在该定时器发生超时之前，如果及时地接收到 TESTER 确认，则认为 TCP 连接正常，并重新设置一个触发时间为 t_3 的限时启动测试超时定时器。在该定时器发生超时之前，如果未能接收到 TESTER 确认，则认为 TCP 连接已经发生故障，需要做主动关闭。

以一帧实际测试报文 68 04 43 00 00 00 进行具体解析：

启动字符：68H

APDU 长度：04H，数据单元长度＝4

控制域：43000000H

U 格式　测试数据传输

STARTDT＝0 STOPDT＝0 TESTFR＝1

表 9-19　　　　　　　　　　测 试 数 据 传 输

TESTER		STOPDT		STARTDT		1	1
0	1	0	0	0	0		
				0			
				0			0
				0			

控制域第一个八位位组第七位为 1，为测试数据传输。

6. 测试数据确认（见表 9-20）

报文：68 04 83 00 00 00

解析：

启动字符：68H

APDU 长度：04H，数据单元长度为 4

控制域：83000000H

U 格式　测试数据传输

STARTDT＝0 STOPDT＝2 TESTFR＝0

表 9-20　　　　　　　　　　确 认 测 试 数 据 传 输

TESTER		STOPDT		STARTDT		1	1
1	0	0	0	0	0		
				0			
				0			0
				0			

控制域第一个八位位组第八位为 1，为测试数据传输确认。

9.4.2　总召唤报文

召唤 YC、YX（可变长 I 帧）初始化后定时发送总召唤，总召唤的间隔时间一般设为 15min，不同的系统设置不同。总召唤的帧格式如表 9-21 所示。

表 9-21　　　　　　　　　　总 召 唤 帧 格 式

启动字符	
APDU 长度	
发送序列号 N（S）LSB	0

续表

MSB 发送序列号 N（S）	
接收序列号 N（R）LSB	0
MSB 接收序列号 N（R）	
类型标识	
可变帧结构限定词	
传送原因（低位）	
传送原因（高位）	
ASDU 公共地址（低位）	
ASDU 公共地址（高位）	
信息体地址（低位）	
信息体地址（中位）	
信息体地址（高位）	
总召唤限定词 QOI	

总召唤限定词：召唤遥信、遥测，BCD 码命令的限定词，是一个八位位组，0～255。

〈0〉：＝未用

〈1～19〉：＝为配套标准保留（兼容范围）

〈20〉：＝响应站召唤

〈21〉：＝响应第 1 组召唤

〈22〉：＝响应第 2 组召唤

至

〈36〉：＝响应第 16 组召唤

其中〈21〉～〈28〉为遥信信息，〈29〉～〈34〉为遥测信息，〈35〉是挡位信息，〈36〉是远动终端状态信息。

① 启动总召唤

报文：68 0E 00 00 00 00 64 01 06 00 03 00 00 00 00 14

解析：

启动字符：68H

APDU 长度：0EH（即 14 个字节 00 00 00 00 64 01 06 00 03 00 00 00 00 14）

控制域：000000H

类型标识：64H（总召唤命令）

可变结构限定词：01H

传送原因：0600H（2 个字节，激活）

APDU 地址：0100H

信息体地址：000000H

信息体元素：14H，为整个站的总召唤

② 确认总召唤

报文：68 0E 00 00 02 00 64 01 07 00 01 00 00 00 00 14

解析：

启动字符：68H

APDU 长度：0EH（即 14 个字节 00 00 02 00 64 01 07 00 01 00 00 00 00 14）

控制域：00000200H

类型标识：64H（总召唤命令）

可变结构限定词：01H

传送原因：0700H（2 个字节，激活确认）

APDU 地址：0100H

信息体地址：000000H

信息体元素：14H，为整个站的总召唤

③ 结束总召唤帧

报文：68 0E 08 00 02 00 64 01 0A 00 01 00 00 00 00 14

解析：

启动字符：68H

APDU 长度：0EH（即 14 个字节 08 00 02 00 64 01 0A 00 01 00 00 00 00 14）

控制域：08000200H

类型标识：64H（总召唤命令）

可变结构限定词：01H

传送原因：0A00H（2 个字节，激活终止）

APDU 地址：0100H

信息体地址：000000H

信息体元素：14H，为整个站的总召唤

9.4.3 变位遥信报文分析（见表 9-22）

报文：68 15 04 00 02 00 1E 01 03 00 01 00 07 00 00 01 E1 DE 00 10 18 0A 11

表 9-22 单点遥信变化帧

单点遥信变化帧
启动字符 68H
APDU 长度 15H
发送序号 04
发送序号 00
接收序号 02
接收序号 00
类型标识 1E
可变帧结构限定词 01

传送原因 0300H（2 字节）
应用服务数据单元公共地址（2 字节）0100H
信息体地址（3 字节）070000H
IVNTSBBL000SPI
CP56Time2a（七个八位二进制组）

解析：

类型标识：1EH，带 CP56Time2a 时标的单点遥信变位 SOE；

可变结构限定词：01H，1 个单点信息；

传送原因：0300H，突变

公共地址：0100H

信息体地址：070000H

信息体元素：01 E1 DE 00 10 18 0A 11H，

其中 00H 代表合位，E1 DE 转换为 DEE1 十进制 57057，即 57 秒 057 毫秒，00 代表 00 分，10 代表 16 时，18 代表 24 日，0A 代表 10 月，11 是 17 年。

变位遥信的报文结构如表 9-23、表 9-24 所示。

表 9-23 　　　　　　　　　　　　　**变 位 遥 信 帧 格 式**

启动字符 68H	
APDU 长度	
发送序列号 N（S）LSB	0
MSB 发送序列号 N（S）	
接收序列号 N（R）LSB	0
MSB 接收序列号 N（R）	
类型标识 1 或 3	
可变帧结构限定词	
传送原因 03/05/11/12/20（2 字节）	
应用服务数据单元公共地址（2 字节）	
信息体地址（3 字节）	
IVNTSBBL000SPI	
信息体地址（3 字节）	
IVNTSBBL000SPI	

传送原因：

〈2〉：＝背景扫描

〈3〉：＝突发（自发）

〈5〉：＝被请求

〈11〉：＝远方命令引起的返送信息

〈12〉：=当地命令引起的返送信息

〈20〉：=响应站召唤

下面以带时标的单点遥信为例进行分析。

SIQ：=CP8{SPI，RES，BL，SB，NT，IV}

表 9-24 带品质描述的遥信信息

Bit 8	7	6	5	4	3	2	1
IV	NT	SB	BL	RES	RES	RES	SPI

SPI：=单点遥信信息状态，bit1；

〈0〉：=OFF 开

〈1〉：=ON 合

RES：=保留位置，bit2—bit4，全部设置为 0；

BL：=封锁标志位，bit5；

〈0〉：=未被封锁

〈1〉：=被封锁

SB：=取代标志位，bit6；

〈0〉：=未被取代

〈1〉：=被取代

NT：=刷新标志位，bit7；

〈0〉：=当前值

〈1〉：=非当前值，标识本次采样刷新未成功

IV：=有效标志位，bit8；

〈0〉：=状态有效

〈1〉：=状态无效

BL：=封锁/未被封锁

信息体的值被封锁后，为了传输需要，传输被封锁前的值，封锁和解锁可以由当地连锁机构或当地其他原因来启动。

SB：=取代/未被取代

信息体的值被值班员的输入值或由一个自动装置的输入所取代。

NT：=当前值/非当前值

若最近的刷新成功，则值就称为当前值。若在一个指定的时间间隔内刷新不成功或者值不可用，就成为非当前值。

IV：=有效/无效

若值被正确采集就是有效，在采集功能确认信息源的反常状态（丧失或非工作刷新）

则值就是无效，信息体值在这些条件下没有被定义。标上无效用来提醒使用者，此值不正确而不能被使用。

9.4.4 遥测报文

报文：68 53 04 00 02 00 0d 8e 03 00 01 00 01 40 00 <u>fc ba 46 42 00</u> <u>4b 7b 7f 41 00</u> <u>ac 10 48 43 00</u> <u>d5 fb c7 43 00</u> <u>ab f7 15 44 00</u> <u>05 56 4e 3f 00</u> <u>15 a7 af 41 00</u> <u>98 e6 2f 42 00</u> <u>d3 fc 83 42 00</u> <u>dc a1 68 42 00</u> <u>3f b2 bf 42 00</u> <u>de 9d 9e 42 00</u> <u>08 b7 68 42 00</u> <u>01 00 48 42 00</u>

解析：

链路层：68 53 04 00 02 00

帧类别：I 帧

类型标识：0DH，M＿ME＿NC＿1，测量值，短浮点数；

发送序号：2；接收序号：1；

可变结构限定词：0EH 即 13，有 13 个遥测信息

传送原因：0300H 为突变；

公共地址：0100H

信息体地址是从 4001H 开始的 13 个地址

第一个信息体元素 fc ba 46 42 00H，遥测 16385＝49.68

第二个信息体元素 4b 7b 7f 41 00H，遥测 16386＝15.97

第三个信息体元素 ac 10 48 43 00H，遥测 16387＝200.07

第四个信息体元素 d5 fb c7 43 00H，遥测 16388＝399.97

第五个信息体元素 ab f7 15 44 00H，遥测 16389＝599.87

第六个信息体元素 05 56 4e 3f 00H，遥测 16390＝0.81

第七个信息体元素 15 a7 af 41 00H，遥测 16391＝21.96

第八个信息体元素 98 e6 2f 42 00H，遥测 16392＝43.98

第九个信息体元素 d3 fc 83 42 00H，遥测 16393＝65.99

第十个信息体元素 dc a1 68 42 00H，遥测 16394＝58.16

第十一个信息体元素 3f b2 bf 42 00H，遥测 16395＝95.85

第十二个信息体元素 de 9d 9e 42 00H，遥测 16396＝79.31

第十三个信息体元素 08 b7 68 42 00H，遥测 16397＝58.18

第十四个信息体元素 01 00 48 42 00H，遥测 16398＝50.00

变化遥测帧结构如表 9-25、表 9-26 所示。

表 9-25 变 化 遥 测 帧 结 构

启动字符 68H	
APDU 长度	
发送序列号 N（S）LSB	0

续表

MSB 发送序列号 N（S）	
接收序列号 N（R）LSB	0
MSB 接收序列号 N（R）	
类型标识 9 或 13	
可变帧结构限定词（信息体数目）	
传送原因 03/05（2 字节）	
应用服务数据单元公共地址（2 字节）	
信息体地址（3 字节）	
NVA	
NVA	
IVNTSBBL0000V	

其中：

传送原因

＜3＞：＝突发（自发）

＜5＞：＝被请求

品质描述 QDS（单个八位位组）：

QDS：＝CP8｛OV，RES，BL，SB，NT，IV｝

表 9-26 　　　　　　　　　带品质描述的遥测信息

Bit	8	7	6	5	4	3	2	1
IV	NT	SB	BL	RES	RES	RES	OV

OV：＝溢出标志位，表示遥测值是否发生溢出，bit1；

＜0＞：＝未溢出

＜1＞：＝溢出

现变电站中遥测值常采用浮点值上送，浮点数的格式有统一标准，规定基数为 2，阶码 E 用移码表示，尾数 M 用原码表示，如表 9-27、表 9-28 所示。

表 9-27 　　　　　　　　　短 浮 点 结 构

类型	存储位数	数符（s）	阶码（e）	尾数（m）	偏移值
短实数（single，float）	32	1	8	23	＋127

表 9-28 　　　　　　　　　短 浮 点 数 帧 结 构

启动字符 68H	
APDU 长度	
发送序列号 N（S）LSB	0
MSB 发送序列号 N（S）	
接收序列号 N（R）LSB	0

续表

	MSB 接收序列号 N（R）
	类型标识 13
	可变帧结构限定词（信息体数目）
	传送原因 03/05（2 字节）
	应用服务数据单元公共地址（2 字节）
	信息体地址（3 字节）
	小数部分 Fraction
	小数部分 Fraction
指数	小数部分 Fraction
S 符号	指数部分 Exponent
	IVNTSBBL0000V

9.4.5　遥控报文分析

报文：68 0E 04 00 0A 00 2E 01 06 00 01 00 01 60 00 82

解析：（遥控选择激活）

类型标识：2EH，双点遥控

可变结构限定词：01H，1 个信息字；

传送原因：0600H，遥控激活

公共地址：0100H

信息体地址：016000H，第一个遥控点

信息体元素：82H，即为 1000 0010，S/E＝1，为遥控选择，DCS＝2，为遥控合

报文：68 0E0A 00 06 00 2E 01 07 00 01 00 01 60 00 82

解析：（遥控激活确认）子站返回遥控激活确认，传送原因为 07

报文 68 0E 06 000C 00 2E 01 06 00 01 00 01 60 00 02

解析：（遥控执行激活）信息体元素：02H，即为 0000 0010，S/E＝0，为遥控执行，DCS＝2，为遥控合。

报文：68 0E 10 00 08 00 2E 01 07 00 01 00 01 60 00 02

解析：（遥控执行激活确认）子站返回遥控激活执行确认，传送原因为 07。

如表 9-29、表 9-30 所示，主站发送遥控/遥调选择命令（传送原因为 6，S/E＝1），子站返回遥控/遥调返校（传送原因为 7，S/E＝1），主站下发遥控/遥调执行命令（类型标识为 46/47，传输原因为 6，S/E＝0），子站返回遥控/遥调执行确认（传输原因为 7，S/E＝0），当遥控/遥调操作执行完毕后，子站返回遥控/遥调操作结束命令（传送原因为 10，S/E＝0）。

表 9-29　　　　　　　　　　　　　　**遥 控 帧 结 构**

启动字符 68H	
APDU 长度	
发送序列号 N（S）LSB	0
MSB 发送序列号 N（S）	
接收序列号 N（R）LSB	0
MSB 接收序列号 N（R）	
类型标识 45 或 46	
0　　　　　　　　可变帧结构限定词	
传送原因 6/7/8/9/A	
应用服务数据单元公共地址	
信息体地址	
S/EQUDCS/RCS	

传送原因：

6——激活

7——激活确认

8——停止激活

9——停止激活确认

0A——激活结束

品质描述 DCO（单个八位位组）：

表 9-30　　　　　　　　　　　　**双点遥控信息元素格式**

Bit	8	7	6	5	4	3	2	1
S/E			QU				DCS	

DCO：=CP8 {DCS，QOC}

DCS：=双点遥控状态，bit1–bit2

<0>：=不允许

<1>：=OFF，开

<2>：=ON，合

<3>：=不允许

QOC：=bit3–bit8（QU，S/E）

QU：=遥控输出方式，bit3--bit7<0~31>

<0>：=执行

<1>：=选择

9.4.6　主站遥控失败报文

常见的 104 报文异常现象及分析总结如表 9-31 所示。

表 9-31 104 报文异常现象及分析

异常表现	异常分析
1. 主站未收到报文	远动配置错误：IP 地址、端口号、实例号错误、实例号冲突；远动机故障等导致主站和厂站未连接
2. 主站遥信与实际不符	远动遥信转发表配置错误：顺序错，起始信息体地址错等
3. 主站遥控出错	远动遥控转发表配置错误：顺序错，起始信息体地址错；主站遥控点表配置错误；主站端公共地址参数设置错误等
4. 主站遥测数值不对	远动遥测转发表配置错误，遥测值类型设置错误

以一则仿真主站遥控失败的案例来分析 104 报文解读及消除故障的过程。

通过仿真主站软件进行设置，正常连接子站远动机，启动以及总召报文传输正常，进行主站遥控，提示返回失败，从主站截取到的 104 报文如图 9-41 所示。

```
[16:17:07] <Send>: 68 0E 0E 00 30 00 2D 01 06 00 01 00 01 60 00 80
APCI解析：数据单元长度=14 I格式 发送序号(NS)=7 接收序号(NR)=24
ASDU解析：TI=45 VSQ=1(SQ=0 INFONUM=1) COT=6(T=0 PN=0 CAUSE=6) COA=1
主站单点遥控   激活  信息体地址=24577 SCO=128
[16:17:07] <Recv>: 68 0E 30 00 10 00 2D 01 47 00 01 00 01 60 00 80
APCI解析：数据单元长度=14 I格式 发送序号(NS)=24 接收序号(NR)=8
ASDU解析：TI=45 VSQ=1(SQ=0 INFONUM=1) COT=71(T=0 PN=1 CAUSE=7) COA=1 C_SC_NA_1
子站--单点遥控  否定认可   激活确认 选择SCO=128 信息体地址=24577 分
```

图 9-41 遥控失败 104 报文

从以上报文中可以看出单点遥控激活，子站否定。

读取 MMS 报文，有一条测控发给远动机的报文为 Unconfirmed：InformationReport，如图 9-42 所示。其中 AccessResults 显示 DATA Access Error：type-inconsistent（7）7，遥控类型错误，查看远动机中的转发点表，该遥控点为双点，遥控时选择成单点遥控，因此返回遥控失败。

```
164503 41.013796   198.120.0.100    198.120.0.181    MMS   [TCP Retransmission] Unconfirmed
164536 41.021930   198.120.0.100    198.120.0.201    MMS   Unconfirmed: InformationReport (InvokeID: 2687053863)
167544 41.770399   198.120.0.100    198.120.0.181    MMS   [TCP Retransmission] Unconfirmed
⊞ Frame 164536 (138 bytes on wire, 138 bytes captured)
⊞ Ethernet II, Src: b4:4c:c2:78:00:64 (b4:4c:c2:78:00:64), Dst: 00:00:00:74:00:01 (00:00:00:74:00:01)
⊞ Internet Protocol, Src: 198.120.0.100 (198.120.0.100), Dst: 198.120.0.201 (198.120.0.201)
⊞ Transmission Control Protocol, Src Port: iso-tsap (102), Dst Port: 44519 (44519), Seq: 7519, Ack: 1063, Len: 72
⊞ TPKT, Version: 3, Length: 72
⊞ ISO 8073 COTP Connection-Oriented Transport Protocol
⊞ ISO 8327-1 OSI Session Protocol
⊞ ISO 8327-1 OSI Session Protocol
⊞ ISO 8823 OSI Presentation Protocol
⊟ ISO/IEC 9506 MMS
    Unconfirmed (3)
    InformationReport (0)
  ⊟ InformationReport
    ⊞ List of Variable
    ⊟ AccessResults
        DATA Access Error: type-inconsistent (7) 7
```

图 9-42 遥控失败 MMS 报文

在仿真主站软件中再次进行遥控，选择双调遥控，返回选择正确，选择"执行"后，遥控执行成功，104 报文如图 9-43 所示。

[20:28:34]〈Send〉: 68 0E 04 00 0A 00 2E 01 06 00 01 00 01 60 00 82

APCI解析: 数据单元长度=14 I格式 发送序号(NS)=2 接收序号(NR)=5

ASDU解析: TI=46 VSQ=1(SQ=0 INFONUM=1) COT=6(T=0 PN=0 CAUSE=6) COA=1

主站双点遥控 激活 信息体地址=24577 DCO=130 ⟹ 主站遥控激活

[20:28:35]〈Recv〉: 68 0E 0A 00 06 00 2E 01 07 00 01 00 01 60 00 82

APCI解析: 数据单元长度=14 I格式 发送序号(NS)=5 接收序号(NR)=3

ASDU解析: TI=46 VSQ=1(SQ=0 INFONUM=1) COT=7(T=0 PN=0 CAUSE=7) COA=1 C_DC_NA_1

子站—双点遥控 肯定认可 激活确认 选择DCO=130 信息体地址=24577 合 ⟹ 子站返回确认

[20:28:36]〈Send〉: 68 0E 06 00 0C 00 2E 01 06 00 01 00 01 60 00 02

APCI解析: 数据单元长度=14 I格式 发送序号(NS)=3 接收序号(NR)=6

ASDU解析: TI=46 VSQ=1(SQ=0 INFONUM=1) COT=6(T=0 PN=0 CAUSE=6) COA=1

主站双点遥控 激活 信息体地址=24577 DCO=2 ⟹ 主站执行命令激活

[20:28:37]〈Recv〉: 68 1A 0C 00 08 00 01 04 03 00 01 00 03 00 00 01 04 00 00 01 05 00 00 01 06
00 00 01

APCI解析: 数据单元长度=26 I格式 发送序号(NS)=6 接收序号(NR)=4

ASDU解析: TI=1 VSQ=4(SQ=0 INFONUM=4) COT=3(T=0 PN=0 CAUSE=3) COA=1 M_SP_NA_1

子站—单点信息 突发

1.信息体地址=3 SIQ=1 未被封锁 当前值 未被取代 有效 合

2.信息体地址=4 SIQ=1 未被封锁 当前值 未被取代 有效 合

3.信息体地址=5 SIQ=1 未被封锁 当前值 未被取代 有效 合

4.信息体地址=6 SIQ=1 未被封锁 当前值 未被取代 有效 合

子站执行遥控命令，
变位信息上送

[20:28:37]〈Recv〉: 68 36 0E 00 08 00 1E 04 03 00 01 00 03 00 00 01 DA 09 05 15 18 08 11 04 00
00 01 DA 09 05 15 18 08 11 05 00 00 01 D9 09 05 15 18 08 11 06 00 00 01 D9 09 05 15 18 08 11

APCI解析: 数据单元长度=54 I格式 发送序号(NS)=7 接收序号(NR)=4

ASDU解析: TI=30 VSQ=4(SQ=0 INFONUM=4) COT=3(T=0 PN=0 CAUSE=3) COA=1 M_SP_TB_1

子站—单点遥信变位SOE CP56Time2a时标 突发

图 9-43 遥控成功 104 报文

第10章 站控层设备

智能变电站站控层设备主要包括监控后台机、远动装置、对时系统等。部分设备功能与综自站相同，本章只讲述差异部分。

10.1 监控后台机

智能变电站监控后台机与综自站监控后台机在 SCADA 及高级应用功能上区别不大，最大的不同之处在于基于 SCD 文件，解析数据模型，生成数据库，主要是生成遥信、遥测、挡位表测点及相关的一次设备类和逻辑节点定义表，还包括保护定值名表等保护配置信息。

因此本节主要介绍智能变电站监控后台系统的数据集类型；导入 SCD，生成数据库；SCL 解析 scd->dat；IEC 61850 数据属性映射模板；LN 设备自动生成工具等。以南瑞科技监控后台系统 NS3000S 为平台，新建 220kV 培训变 220kV 竞赛线线路间隔。

10.1.1 工作前的准备

工作前首先确认监控后台机操作系统、监控系统等运行正常，即：Linux 操作系统的安装并配置完成；环境安装（QT、GCC 和 nari 用户）；NS3000S 系统的安装；sys_setting 的配置完成；确认 SCD 文件已配置完成；检查 FTP 文件传输工具或者安全移动存储介质是否齐备。

10.1.2 间隔模型导入和数据库生成

10.1.2.1 数据集类型

（1）在导库前需要了解一下数据集类型的概念。对于 NS3000S 系统，数据集有不同的类型，不同类型将有不同的处理。普通类型导入 NS3000S 后将在四遥信息表中生成测点，保护相关的类型导入 NS3000S 后将在保护定值名表中生成测点。在 sys 目录下打开文件 dstype.cfg 文件，如果没有该文件，在安装包中的 sys.zip 中找到该文件，拷贝过来。文件中有常见的数据集类型的名称，其后是后台对其的类型定义。在导入数据库时可以通过该文件配置数据集类型，也可以手动配置。图 10-1 是 V2.3SP14 安装包中 config 目录下的 dstype.cfg 文件中的内容。定义的是标准名称的数据集类型的配置，如装置使用了非标准的名称，也可以在文件中手动添加。如果保护装置使用了不规范的名称，不推荐手动修改 dstype.cfg，可以要求 icd 模型厂家修改其数据。

```
// 数据集名称: 数据集类型
// 数据集类型    -1: 未定义  0: 普通  1: 保护事件  2: 保护参数  3: 保护定值.
// 14: 故障报告  5: 保护模拟量 6: 保护开关量  7: 保护压板
// 数据集名字前若有"!", 则该数据集类型配置为普通, 并且导出到PPI保护事件表
!dsTripInfo:0
dsParameter:2
dsSetting:3
dsSettingB:3
dsRelayAin:5
!dsRelayDin:0
!dsRelayEna:0
!dsAlarm:0
!dsWarning:0
dsCommState:0
```

图 10-1　数据集类型

（2）数据集如果配置成普通，则导库后生成测点在四遥表，如果配置为保护类型（保护事件，保护定值等），则导库时会生成到 PPI 文件中，并最终生成测点在"保护事件名"和"保护定值名"等保护相关类型表中。对于数据集类型该如何配置，遥信遥测配置成"普通"是一定的，保护定值配置成"保护定值"，保护参数配置成"保护参数"也是一定的。其他的对应需求有所区别。SP14 之后，对于某些数据集进行了特殊处理，既导入四遥信息表，也生成到保护 PPI 文件中。具体可以查看 dstype.cfg 中！号的说明。

（3）标准的数据集类型及其配置如表 10-1 所示。一般而言，按照 dstype.cfg 默认的配置就是可以的。

表 10-1　　　　　　　　　　　　　标准的数据集类型及其配置

标准数据集名称	对应描述	可配置的类型一（如监控机及远动）	可配置的类型二（如保信子站）
dsDin	遥信	普通	普通
dsAin	遥测	普通	普通
dsTripInfo：	保护动作事件	普通	保护事件
dsSetting	保护定值	保护定值	保护定值
dsParameter	保护参数	保护参数	保护参数
dsRelayEna	保护压板	普通	保护事件
dsRelayDin	保护断路器量	普通	保护事件
dsRelayAin	保护模拟量	保护模拟量（或普通）	保护模拟量
dsRelayRec	故障录波事件	保护事件	保护事件
dsWarning	装置告警	普通	保护事件
dsAlarm	告警信号	普通	保护事件
dsCommState	通信工况	普通	保护事件
dsGOOSE	GOOSE 控制	无定义	无定义

10.1.2.2　生成数据库步骤

将 220kV 培训变 220kV 竞赛线线路间隔 SCD 文件直接拷贝到 ns4000/config 目录下，进入"系统组态"，点击->菜单栏"工具"，进行导库操作，分为 SCL 解析 scd->dat、61850 数据属性映射模板配置、LN 设备自动生成工具共三步完成。

1. SCL 解析 scd->dat

点击"SCL 解析 scd->dat",弹出 SclParser 窗口,如图 10-2 所示。

依次执行菜单栏下方的三个步骤为打开 scd 文件、导出数据文件、生成 PPI 文件。

(1) 点击"打开 scd 文件",弹出 SCD 文件打开向导,如图 10-3 所示。

图 10-2　SclParser 窗口

图 10-3　SCD 文件打开向导

一般选择默认第一项"使用已有的数据集类型配置文件",如果修改过 dstype. cfg 文件,可以选择第二项"新建数据集类型配置文件"根据提示结合实际进行选择后,点击 Next,选择要导入的 SCD 文件,如图 10-4 所示,点击"Finish"。

对于稍候弹出的提示框,点击"OK"即可。

(2) "导出数据文件"。如图 10-5 所示,在文件解析后出现以下界面,随意点击左侧装置名,在右侧将列出解析的数据集名称和描述,及其按照默认

图 10-4　选择要导入的 SCD 文件

文件配置的数据集类型。该类型是可以手动修改的,如果配置为"普通",则将会把对应数据集配置的测点导入的遥信、遥测表中,如果是"未定义",后台将不会解析该数据集生成测点。可以在不同的标签页预览不同类型的测点。配置文件的内容是符合现场工程要求的,则不需要在这里修改。点击文件菜单下"导出数据文件"或者工具栏的第二个图标。

(3) 导出 PPI 文件,只有保护装置才需要导出 PPI 文件。选择要导出的 IED,同样的保护型号,只要导出一个 PPI 文件即可。导出后关闭 SclParser。在~/ns4000/config/目录下将出现导出的 PPI 文件,可以用文本编辑器将 PPI 文件打开。可能 scd 文件中没有配置装置的型号,则保护装置的型号会默认为"other+IED name",该类型记录在"规约类型-记录数据"的第一个属性字符串。为了容易区分保护规约的型号,可以将该字符串修改为"型号+IED name"的格式。如图 10-6 所示,在导入 PPI 和选择规约的时候容易找到对应的文件。

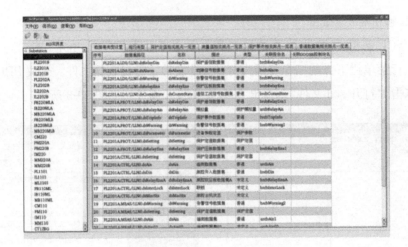

图 10-5　文件解析后界面

2. 61850 数据属性映射模板

点击"61850 数据属性映射模板"，弹出数据属性模板配置窗口，如图 10-7 所示，点击"save"即可。

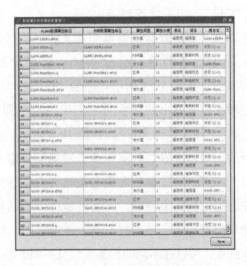

```
[规约类型]
域个数=5
域01=Name
域02=IdxDeviceSubType
域03=BitExistStep
域04=BitExistRange
域05=PROTOCOLPARASETUP
记录数据=other-PL2201A,60,是,否,0000003C000(
LN0.dsSetting 00000000RCD/LN0.dsRelayRec.
[保护定值名表]
域个数=10
```

图 10-6　PPI 文件 　　　　　　图 10-7　61850 数据属性模板配置

3. 数据模板映射 LN 设备自动生成工具

点击"LN 设备自动生成工具"，弹出"LN 自动生成"窗口如图 10-8 所示，点击"自动生成测点记录"，再点击"close"即可。弹出"是否保存原有设备名"和其他，建议只选择第一项（保存原有设备名），其他都不选。如果还选择了其他项，可能会在生成"四遥"信息时超出后台库测点单条记录所能容纳的字节数，造成"四遥"名称显示不全。

至此，220kV 培训变 220kV 竞赛线线路间隔监控后台系统数据库生成完成，点击数据库组态图标后，在弹出的窗口中，可以点击"量测类""一次设备类""逻辑节点类"下边的"遥测表""遥信表""逻辑节点表""断路器表""隔离开关表"等数据库表，表中有真实记录对应间隔，且可以实际操作。

图 10-8　数据模板映射 LN 设备

10.2　对时系统

本节主要介绍智能变电站常用的新型对时方式——IEEE1588 网络对时。IEEE1588 是一种采用主从结构的高精度网络时钟同步协议，可以达到亚微秒级的同步精度，为建立一个时间统一的分布式控制系统提供了一个切实可行的实现方案。

IEEE 1588 诞生于 2002 年，并版本了标准 IEEE 1588—2002；该标准定义了四种报文消息：Sync、Followup、DelayReq 和 DelayResp，以测量时间和路径延迟，通过使用 DelayReq 和 DelayResp 报文测量路径延迟的方法，也称为延迟请求响应机制。

根据 C37.238，变电站内的 IEEE 1588 报文需与 GOOSE 报文一样采用基于 IEEE 802.3 的组播发送方式。其使用的报文目的 MAC 地址如表 10-2 所示。

表 10-2　　　　　　　　　　IEEE 1588 报文目的 MAC 地址

1. 报文类型	2. 地址（hex）
3. 除了 peer 延时机制以外的所有报文	4. 01-1B-19-00-00-00
5. 同等（peer）延时机制报文	6. 01-80-C2-00-00-0E

主时钟通过与外部时间基准源相连，如与 GPS 保持同步，并向外输出精确网络时间同步报文、其他时间同步信号；从时钟通过测量计算与主时钟的时间偏移和路径延迟，以调节本地时间，实现与主时钟实现同步。

对时方式如图 10-9 所示。

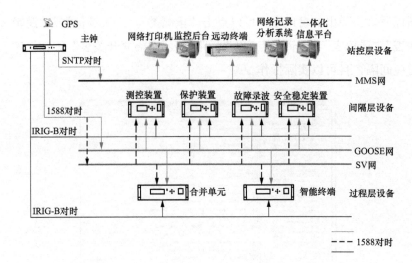

图 10-9 对时方式

IEEE 1588 对时模式：站控层主机采用 SNTP 的方式，通过站控层 MMS 网实现对时；间隔层、过程层的设备采用 IEEE 1588 方式通过过程层 GOOSE 网实现对时。

变电站时间同步在线监测：站控层主机通过基于 SNTP 的报文协议管理间隔层设备对时状态，间隔层的测控装置通过基于 GOOSE 的报文协议管理过程层设备，如图 10-10 所示。

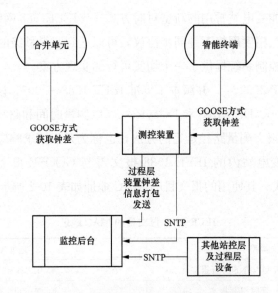

图 10-10 变电站时间同步在线监测结构

几种对时方式的应用情况如下：

（1）IEEE 1588 技术基本成熟，成本较高，不需要单独的对时网络，但主钟与交换机可靠性还有待提高，应用中会出现抖动等异常现象，可用于全站所有设备的对时。多用于智能变电站的过程层网络。

（2）IRIG-B技术成熟，在系统中应用多年，需要单独的对时网络，可用于全站所有设备的对时。

（3）1PPS主要应用于脉冲同步，无法传输绝对时间报文。

（4）NTP、SNTP是基于以太网的对时协议，其对时原理与IEEE 1588相似，主要采用客户机/服务器模式，但最大的区别是NTP、SNTP不依赖于以太网芯片的硬件时标功能支持，对交换机也没有特殊要求，因此其对时精度只能达到1～50ms，在智能或综自变电站中用于后台系统和远动机的对时。

第11章 间隔层设备

相比综合自动化系统变电站，智能变电站的整体结构由原来的"两层"（站控层，间隔层）增加为"三层"（站控层，间隔层、过程层），即"三层两网"结构，两网为站控层网路和间隔层网络。设备结构和功能主要发生了以下4个方面的变化。

（1）智能变电站间隔层设备的出口部分和采样部分下放到过程层，也就是智能变电站中的智能终端和合并单元。

（2）回路组成发生变化。原来的电缆二次回路变成光纤，出现了虚端子，如图11-1和图11-2所示。

（3）间隔层设备部分状态可视。所有间隔层设备之间建立了网络连接，为部分状态的可视化提供基础，例如压板。

（4）控制网络化、信息共享化。能够对过程层进行网络化控制，全站间隔层设备和过程层设备可以信息共享。

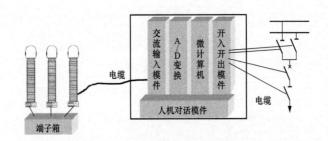

图11-1 综自变电站继电保护结构

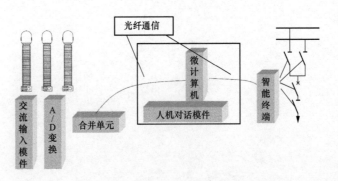

图11-2 智能变电站继电保护结构

智能变电站涉及的技术领域广、技术复杂、自动化集成度高，其中任何一个环节一旦产生异常，将影响设备的正常运行，甚至削弱电网的安全性和可靠性。与常规变电站相比，自动化设备出现故障时不能直观地查找到，如遥控出现故障时，不能通过万用表通过测量回路进行排查，需要从虚端子、IED参数等方面逐层查找，且不同厂家IED及使用的工具又存在一定差异，这又增加了故障排查的难度。针对故障点不直观的情况，本章以使用率较高的南京南瑞继保厂家的间隔层测控装置为例，结合智能变电站间隔层设备特点，从配置文件、IED参数、网络配置等方面为着重点，对测控装置实际运维检修进行详述，以供相关运行维护与管理人员参考。

11.1 测控装置 SCD 检查

SCD 文件是 Substation Configuration Description 的缩写，即全站系统配置文件。以变电站包含的各种类型的二次设备的 ICD 文件和变电站的 SSD 文件为输入，通过系统配置工具生成变电站的数据文件——SCD 文件。SCD 文件作为后台监控系统、远动系统以及后续其他配置的统一数据来源，其正确性对智能变电站的调试、运行、维护具有举足轻重的意义，SCD 文件信息包含以下内容。

（1）变电站一次系统配置（含一、二次关联信息配置）。

（2）通信网络及参数的配置。

（3）二次设备配置（信号描述配置、IED 间的虚端子连接配置）。

依据故障现象，能够准确判断出故障出现在 SCD 中 IEDNAME、通信配置、数据集、数据描述、虚端子配置等具体哪个部分。

本节以工程"220kVPeiXunBianDianZhan"中一个 220kV 线路间隔为例，检查分析测控装置 SCD 文件关键参数，间隔层采用组网方式进行信息交互。

11.1.1 IEDNAME

SCD 中各智能电子设备的 IEDNAME 是各装置间进行正常通信的关键参数之一，若 IEDNAME 设置不一致，IED 之间将无法进行正常通信。IEDNAME 只能是字母、数字组合，不能使用中文。

南京南瑞继保公司的系统配置工具为 PCS-SCD，本书以版本 3.6.2 Release 为平台，工程界面如图 11-3 所示。

点击"装置"打开其窗口，进行 IEDNAME 的核对，以测控装置 PCS-9705A 为例，双击"名称"列中"CL2017"，则可进行 IEDNAME 的编辑，对应"描述"中可自定义，如图 11-4 所示，根据各厂家统一的命名规则，一般测控装置以"C"开头，"L"表示线路。

11.1.2 通信配置

SCD 中通信配置，首先要进行子网划分，智能变电站网络结构分为过程层和站控层两部分网络，因此至少划分出这两部分子网，站控层通信配置：测控装置的 IP、子网掩码等参数。

图 11-3 PCS-SCD 工程界面图

图 11-4 IEDNAME 编辑界面图

打开工程，选择界面左侧列表"通信"模块，核对划分的过程层和站控层网络类型是否正确，站控层对应 8-MMS 类型。选中"通信"模块下"MMS：站控层网络"，对测控装置的 IP、子网掩码进行核对，若无特殊要求，其余参数可默认不配置，如图 11-5 所示。

11.1.3 数据集及数据描述

SCD 文件中测控装置模型文件数据集分类如下：

dsAin（遥测）、dsDin（遥信）、dsGOOSE（GOOSE 信号）、dsParameter（装置参数）、dsAlarm（故障信号）、dsWarning（告警信号）、dsCommState（通信工况）等。

IED 模型文件数据集的中的数据描述，可根据该数据在实际工程中的作用及功能进行修改，使数据清晰明了，查阅方便直观。数据集以及数据集中的数据一旦发生缺失，将使 IED 丧失该数据对应的功能，需手动进行添加进行完善。

图 11-5　通信参数配置

选中测控装置"CL2017"，则在中间窗口可选择下方"数据集"查看，中间上方通过选择可选择测控装置不同的逻辑设备，"LD0：公用 LD""MEAS：测量 LD"等，可查看不同逻辑设备下的数据集，如图 11-6 所示。

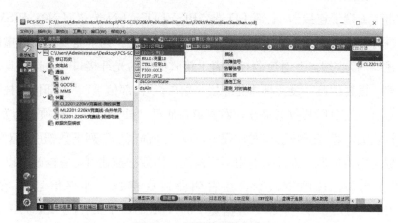

图 11-6　测控装置数据集

选择"MEAS：测量 LD"中"dsAin1"，可查看该数据集下具体数据情况，如图 11-7 所示。

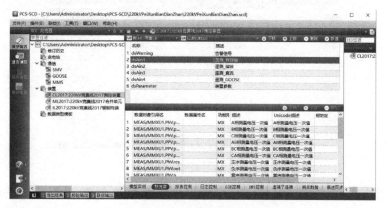

图 11-7　测控装置数据集包含数据

11.1.4 虚端子配置

智能变电站过程层通信采用发布/订阅机制进行信息交互，通过各IED的发布数据集与接收数据集之间的虚端子映射来实现该功能，虚端子映射相当于传统变电站的硬接线。

虚端子正确映射是保证IED间正常交互信息的基础。映射过程中，根据虚端子表，确保发送方的数据引用映射的是接收方对应的数据引用，不能仅根据数据描述来判断虚端子映射正确与否。

虚端子映射包括SV映射和GOOSE映射。①SV映射：接收方的DO（数据对象）映射到发送方的DO，DO包含DA（数据属性）、q（品质）、t（时间）等部分；②GOOSE映射：接收方DA的stVal映射发送方DA的stVal。

本节以测控装置PCS-9705A虚端子SV和GOOSE映射为例进行分析，首先进行SV映射校核，测控装置接收合并单元PCS-221GB-G发出的SV采样数据，工程设计：合并单元“测量1”电压电流虚端子对应模拟量输入通道的测量电压电流，“保护2电压A相1（同期电压1）”虚端子对应模拟量输入通道的同期电压。

打开工程，在左侧选“模型配置”模块，选择“装置”下测控装置“CL2017”，在中间窗口中点击“虚端子连接”，上部LD选“PISVLD”、LN选“LLN0：PISV”，依据虚端子映射表进行核对。其中“外部信号”“外部信号描述”列下是发送端的虚端子数据引用及数据描述，“接收端口”对应测控装置上接收数据的光纤接口号，选中具体虚端子映射可点击上部“设置端口”设置具体光纤接收端口。“内部信号”“内部信号描述”列下是接收端的虚端子数据引用及数据描述，右侧窗口底部“外部信号”选项下为发送端，“内部信号”为接收端。虚端子映射核对过程中，以“外部信号”列下数据引用对应“内部信号”列下数据引用为依据，因数据引用不可修改，而数据描述可随意修改。以A相电流映射发送端错误为例，选中该映射，在右侧窗口底部选“外部信号”，在窗口中选“ML2017”“M1”、DS dsSV：SMV数据集下的“MUSV/TCTR4＄MX＄Amp”，直接将虚端子拖到A相电流映射行，在弹出的对话框中选择“确定”，如图11-8所示。

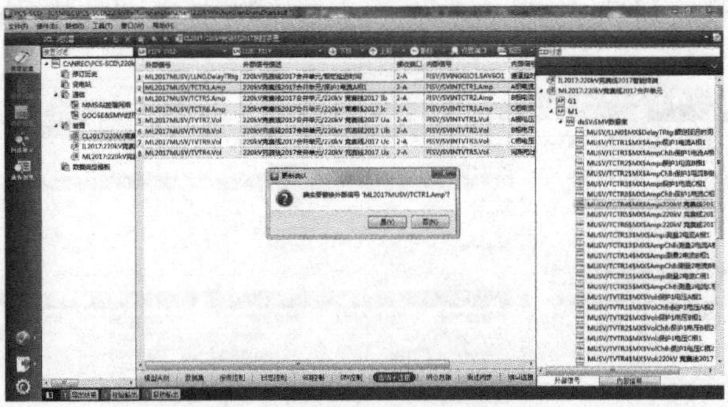

图11-8 SV虚端子映射修改

GOOSE虚端子映射校核，以断路器位置接收端映射错误为例，正确为发送端“IL2017RPIT/Q0XCBR1.Pos.stVal”映射到接收端“PIGO/GOINGGIO4.DPCSO1.stVal”。

LD 选"PIGO：GOLD"，LN 选"LLN0：PIGO"，右侧窗口底部选中"内部信号"，逐次选中"CL2017""AP G1""LD PIGO：GOLD""LN GOINGGIO4：双位置接收""DO DPCSO1：in_双位置1"下的"DA stVal"，直接拖到断路器位置虚端子映射上，确定选择，如图 11-9（a）所示，然后还要设置接收端口，选中断路器虚端子映射，选择"设置端口"，根据工程要求选择"2-A"，即第二块板的第一个光纤接收端口，如图 11-9（b）所示。

(a) GOOSE虚端子修改

(b) 接收端口配置

图 11-9　GOOSE 虚端子配置

11.2　装置参数校核

智能电子设备的参数配置，决定着其运行是否正常以及功能是否正常。IED 之间的参数配置要相互配合，在确保装置安全可靠运行的基础上以工程实际为依据进行设置。

本节对测控装置的参数校核从两个方面进行：①与通信相关的参数；②与装置功能相关的参数。

11.2.1　通信参数

智能变电站"三层两网"的结构特点，决定了通信参数包含过程层通信参数和站控层通信参数两个部分，除此之外，通信参数还包含调试机与 IED 通信进行调试下装组态相关的参数。

测控装置 PCS-9705A 的通信设置在"主菜单"下的"定值设置"下的"通信参数"

模块中，包括公用通信参数、103 通信参数和 61850 通信参数三个部分。

公用通信参数中，A、B、C、D 网络对应通信插件由上到下的 4 个网口，A 网口还与装置前面板的网口地址相同，同时作为调试用，用于下装或上装组态。依据工程设计，对四个网络进行 IP 地址、子网掩码设置，且四个网络的 IP 地址不能相同。其中，B/C/D 网口的使能参数，为 1 时该网口使能，为 0 时退出。

103 通信参数中，"103 网络广播报文使能"：0 表示退出，1 表示使能；"网口通信协议"根据工程设计设置一致，范围是 0～9（十进制）。

61850 通信参数，"IED 名称"在正常下装组态后，与 SCD 文件调度 IEDNAME 相同，若不一致，则造成监控后台与测控装置通信中断；"IEC 61850 双网模式"根据工程设计进行设置，取值 0～2；"过程层 GOOSE 混网使能"：0 为退出，1 为使能，GOOSE 接收中部分控制块双网接收数据，部分控制块单网接收数据的情况下使用。

PCS-9705A "主菜单"下的"测控设置"下"SV 采样定值"中，"SV9-2 接收模式"（0：接收模式为组网，1：接收模式为点对点，2：接收模式为组网＋点对点）"最大通道数限制"，决定 SV 接收的每个块最多可以配置的通道数。该定值要大于等于下装组态 GOOSE 文本中 SV 采样接收的 NumofSmpdata，即：SCD 中合并单元数据集"dsSV"中数据个数。

PCS-9705A "主菜单"下的"软压软"下的"GOOSE 软压板"和"SV 软压板"模块中的软压板定值，设为 1 时，用于测控装置 GOOSE/SV 接收软压板，若设为 0，则不接受该 GOOSE 或 SV。

11.2.2 功能参数

装置功能参数设置的正确性及合理性是决定装置功能正常的基本前提。根据装置实现的功能，本节从测控装置遥测、遥信、遥控、同期以及对时五个部分。

11.2.2.1 遥测参数

遥测有关的参数：①一次、二次额定测量线/相电压，即对应 TV、TA 变比；②采样精度调整，各量测通道对应的系数；③遥测死区定值，遥测量变化量超过遥测死区后，则主动变化上送；变化量小于死区，不主动变化上送；④零漂定值，抑制零漂，小于该定值时不上送。

测控装置 PCS-9705A，"装置参数"中，"遥测死区定值"：遥测量变化量超过遥测死区后，则主动变化上送；变化量小于死区，不主动变化上送，因此，若设置过大，会导致监控系统遥测显示错误。取值范围 0.00～100，单位 100%。

"测控定值"中，"功能定值"模块下：

"零漂抑制门槛"设置过大，导致遥测不上送，一般取默认 0.2%。

"测量 TA 接线方式"：该定值为 0 时，三相 TA 均为外接方式；该定值为 1 时，B 相电流为自产，在系统三相基本对称情况下，此定值对遥测影响不易发现。

"TA 极性"：为 1 时，三相电流为反接模式，程序内部自动将采样电流反转 180°计算，导致 P、Q 符号与实际相反。

11.2.2.2 遥信参数

遥信参数主要是遥信防抖时间，遥信输入是带时限的，即某一位状态变位后，在一定的时限内该状态不应再变位，如果变位，则该变化将不被确认，这是防止遥信抖动的有效措施。

测控装置 PCS-9705A，"遥信定值"列表中，"双位置××防抖时间""开入××防抖时限"，核对工程实际使用到的双位置及开入，设置遥信滤除抖动时间，一般设置 5～1000ms。

11.2.2.3 遥控参数

遥控相关参数有：①遥控出口压板；②遥控跳闸、合闸脉冲宽度。

测控装置 PCS-9705A，"软压板"菜单下"功能软压板"中，"外间隔退出软压板"：61850 跨间隔联锁时，退掉参与装置联锁的外间隔信号，此时外间隔信号不参与联锁逻辑。

"出口使能软压板"置"1"遥控才能正常出口。"遥控定值"用于设置遥控出口脉宽，一般取装置出厂默认值 500ms。

"61850 通信参数"菜单中，"测试模式使能"：设为 1，装置投检修后，可以正常响应远方下发带检修品质的遥控令，并正常出口；设为 0，装置检修状态下，不响应远方遥控。

11.2.2.4 同期参数

断路器同期合闸相关的参数有：①同期电压的类型，即选择具体哪一相或线电压作为同期电压；②同期压差；③同期频差；④同期角度差；⑤同期滑差；⑥断路器合闸时间；⑦无压定值；⑧有压定值；⑨同期功能压板；⑩同期出口使能压板。

测控装置 PCS-9705A，"设备参数定值"中，"同期侧 TV 额定一/二次值"，若选相电压，则一/二次值分别为 127.02、57.74V，若选线电压，则一/二次值分别为 220、100V。

"功能定值"中，"同期出口使能"置"1"，否则同期合闸不能出口。

"同期参数"列表：

压差、频差、角差、滑差定值、有压百分比、无压百分比定值同南瑞科技测控装置同期参数设置，"低压闭锁定值"一般取默认 80%，"高压闭锁定值"取默认 130%。

"无压模式"设为"7"，表示任何一侧无压，也可根据工程要求进行设置。

"TV 断线闭锁检无压/同期"可根据工程要求设置。

"同期电压类型"依据选用的电压进行设置，0～5 分别对应 U_a、U_b、U_c、U_{ab}、U_{bc}、U_{ca}。

"角差补偿值"，当"同期电压类型"设置与实际一致时，该定值设为"0"，若不对应，根据同期相角差，设置对应补偿角度。

"功能软压板"中，"检同期软压板"应置"1"，"检无压/检合环软压板"根据工程实际进行设置。

11.2.2.5　对时参数

测控装置 PCS-9705A，在"公用通信参数中"，"外部时钟源模式"选为"0"，硬对时。"时钟同步阈值"一般设为"0"，即对时信号恢复时，不判断本装置与对时源时差，同时该参数只对硬对时起作用。当硬对时条件不满足而又要求对时，此时"SNTP 服务器地址"用来设置远动机等作为对时服务器的 IP 地址。

第12章 过 程 层 设 备

相对于综自变电站，智能变电站在结构上增加了一个过程层，过程层设备替代了综自变电站间隔层的采样部分和出口部分，过程层设备主要是智能变电站中的智能终端和合并单元。过程层设备通过光纤与间隔层设备进行信息交互，取代了原来一次设备到间隔层的二次电缆。

本节以工程"220kVPeiXunBianDianZhan"中一个220kV线路间隔为例，检查分析过程侧设备SCD文件关键参数，过程层采用组网方式进行信息交互。

12.1 过程层 SCD 检查

类似间隔层测控装置SCD检查，过程层SCD检查针对智能终端和合并单元两类装置，从中IEDNAME、通信配置、数据集、数据描述、虚端子配置五个方面进行介绍。

12.1.1 IEDNAME

以南京南瑞继保智能终端PCS-222B-I和合并单元PCS-221GB-G为例，其IEDNAME命名规则及检查方法与间隔层装置相同，对于智能终端，其IEDNAME的首字母一般为"I"，合并单元IEDNAME的首字母一般为"M"，参见相关章节。

12.1.2 通信配置

过程层网络对应IECGOOSE和SMV，其中过程层GOOSE和SV可合并为一个子网，对应类型为IECGOOSE。本工程过程层网络划分一个为GOOSE&SV，如图12-1所示。

图 12-1　过程层通信子网划分核对

选中"GOOSE&SMV：过程层网络"，在打开界面底部，分别选中"GOOSE 控制块地址""采样控制块地址"进行 GOOSE 和 SV 控制块通信参数核对，如图 12-2 所示。

其中，GOOSE 和 SV 控制块的 MAC 地址前三个字节相同为 01-0C-CD，GOOSE 控制块第四个字节为 01，SV 控制块为 04，最后两个字节为 wx-yz，一般 APPID 取对应 MAC 地址的最后两个字节为 wxyz；x、y、z 均为十六进制值，取值范围 0～F，对于 GOOSE，w 取值 0～3；对于 SV，w 取值 4～7。VLAN 优先级默认为"4"，范围 0～7；VLAN-ID 根据实际 VLAN 划分进行设置，为十六进制，范围 0～FFF；MinTime 和 MaxTime 分别取"2"和"5000"（单位为 ms）。

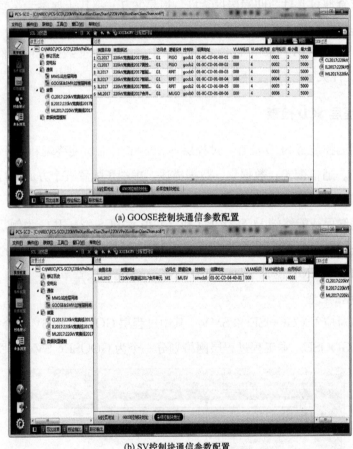

(a) GOOSE控制块通信参数配置

(b) SV控制块通信参数配置

图 12-2　过程层通信参数配置

12.1.3　数据集及数据描述

SCD 文件中合并单元模型文件数据集主要分为 MUGO（GOOSE 信号）和 MUSV（采样）两类；智能终端模型文件数据集为 dsGOOSE（GOOSE 信号）。

本节以智能终端 PCS-222B-I 模型文件控制功能相关的数据集缺失后恢复以及修改数据描述为例进行分析。

首先进行数据集的缺失恢复,以缺失"dsGOOSE0"数据集(保护 GOOSE 发送数据集)为例。数据集"dsGOOSE0"完成断路器及隔离开关的分合闸控制功能,其在逻辑设备"RPIT"中。打开工程,在左侧"装置"树型分支下,选择智能终端 PCS-222B-I "IL2017",在中间窗口底部,选择"数据集",由于智能终端 PCS-222B-I 只有一个"RPIT"逻辑设备,因此在顶部 LD 菜单中不必进行逻辑设备的选择,默认"RPIT"。点击"新建",新建一个数据集"DataSet0",如图 12-3 所示。

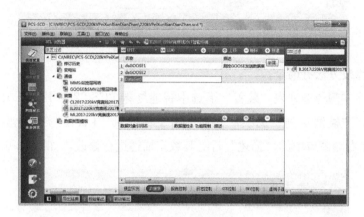

图 12-3 新建数据集

分别双击名称和描述行,名称修改为"dsGOOSE0",描述为"保护 GOOSE 发送数据集",点击"上移"按钮,可将数据集位置进行移动,如图 12-4 所示。

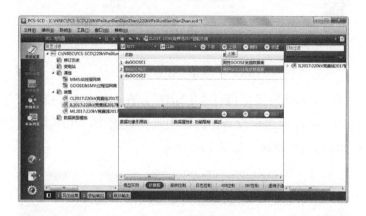

图 12-4 数据集描述修改及移动

此时数据集为空数据集,内部不含任何数据,需要手动添加数据,选中该数据集,在右侧窗口中双击智能终端 PCS-222B-I "IL2017",在树型分支中依次选择访问点"G1",逻辑设备"LD RPIT",根据数据集"dsGOOSE0"包含的数据,挑选对应的逻辑接点,并在功能约束"FC"下选择数据对象"DO Pos:xx",要添加数据属性"DA"下的"stVal"和"t",右键"附加选中的信号",如图 12-5 所示,依次类推,完全全部数据的添加。

图 12-5 数据集中增加数据

数据描述修改方法有两个。

方法一：在左侧树型列表"装置"下选中智能终端 PCS-222B-I "IL2017"，在中间窗口的底部，选择"模型实例"选项，分别选中逻辑接点"LN"、实例化数据属性"DOI Pos：xxx"，在右侧窗口中的"描述"行对其数据描述进行修改，如图 12-6 所示。

图 12-6 数据描述修改方法一

方法二：选中智能终端 PCS-222B-I "IL2017"，在中间窗口的底部，选择"数据集"选项，在上部"LD"中选择逻辑设备，再选中具体数据集，在下方窗口中双击"描述"列中具体数据描述即可进行修改，如图 12-7 所示。

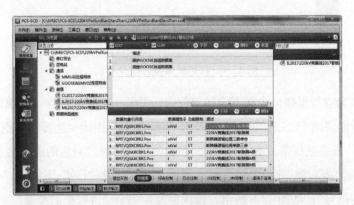

图 12-7 数据描述修改方法二

12.1.4　虚端子配置

本节以智能终端 PCS-222B-I 虚端子 GOOSE 映射为例进行分析，智能终端 PCS-222B-I 接收测控装置 PCS-9705A 发出的 GOOSE 遥控命令。工程设计有：智能终端 PCS-222B-I "断路器控分""断路器控合"等控制类虚端子分别对应由路器、隔离开关 1/2/3/x 等控制输出通道。

智能终端 PCS-222B-I 接收 GOOSE 虚端子映射校核，以断路器"控合"遥控接收端映射为例，正确为测控装置 PCS-9705A 发送端"CL2017PIGO/CSWI1. OpOpn. general"映射到智能终端 PCS-222B-I 接收端"RPIT/GOINGGIO2. SPCSO1. stVal"。LD 选"RPIT"，LN 选"LLN0"，右侧窗口底部选中"内部信号"，逐次选中"IL2017"→"AP G1"→"LD RPIT"→"LN GOINGGIO2；测控 GOOSE 输入虚端子"→"DO SPCSO2；断路器控合"下的"DA stVal"，直接拖到断路器位置虚端子映射上，确定选择，如图 12-8所示，然后还要设置接收端口，选中断路器虚端子映射，选择"设置端口"，根据工程要求选择光纤接收端口。

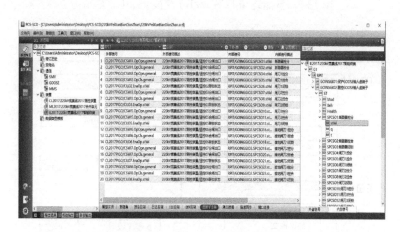

图 12-8　GOOSE 虚端子配置

12.2　装置参数校核

本节对过程层装置的参数校核从两个方面进行：①与通信相关的参数；②与装置功能相关的参数。

12.2.1　通信参数

智能终端 PCS-222B-I 和合并单元 PCS-221GB-G 装置面板上没有液晶显示屏，其前面板各有一个"网口"，实质是与调试机进行通信的串口。调试机通过使用南瑞继保专用软件 PCS-PC 与过程层装置连接，通过软件 PCS-PC 中虚拟液晶设置参数，智能终端 PCS-222B-I 和合并单元 PCS-221GB-G 模拟液晶中菜单结构分别如图 12-9 和图 12-10 所示。

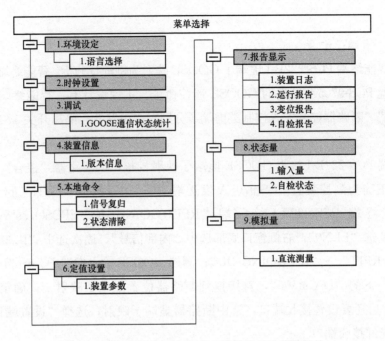

图 12-9　智能终端 PCS-222B-I 模拟液晶中菜单结构

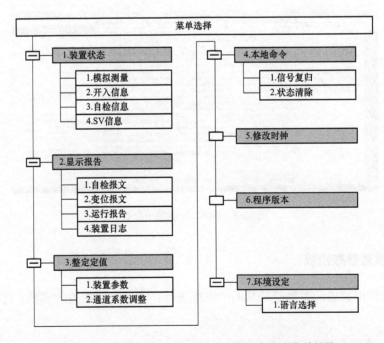

图 12-10　合并单元 PCS-221GB-G 模拟液晶中菜单结构

　　智能终端 PCS-222B-I 和合并单元 PCS-221GB-G 菜单结构类似，在"主菜单"下的"装置参数"中，主要进行 GOOSE 单双网进行设置，选项"GOOSE 单双网混用"（可选 0：不使用混合接收模式；1：使用混合接收模式）；"GOOSE 双网"（可选 0：GOOSE 单网；1：GOOSE 双网），根据工程实际进行设置即可。

12.2.2 功能参数

根据过程层装置需实现的功能，本小节主要从为遥测、遥信、遥控、对时四个部分进行介绍，其中，合并单元主要涉及遥测功能，智能终端涉及遥信、遥控两方面功能，需要注意的是，对于智能变电站，主变压器的温度的采集，是通过智能终端完成的。

12.2.2.1 遥测参数

1. 合并单元 PCS-221GB-G

"装置参数"中，注意额定电压，一次对应的是线电压，二次对应的是相电压；同时注意核对一、二次额定电流值是否与实际一致。

"采样精度调整定值"：用于调整交流头各个模拟通道的角差和比差，以满足现场对同步后角度和幅值方面的要求。核对系数与交流头插件的侧面出厂贴的交流头每个通道的调整系数是否一致，不能擅自更改数值，否则会引入不可估计的幅值误差和角度误差。当装置的交流头损坏后进行更换时，必须将新交流头的系数重新输入，否则会有误差引入。

"母联间隔"：当设置为 Yes，则合并单元作为母联间隔合并单元，同时需接入两条母线电压，其中一条母线电压作为线路电压上送，另一条母线电压作为同期电压上送，最多支持两个接收块，第一个接收块对应三相电压输出，第二个接收块对应同期电压输出；当设置为 No，其他情况。

"母线隔离开关开入类型"：当"母联间隔"参数设置为 Yes 时，本参数需要进行设置；设置为 GOOSE，通过 GOOSE 接收母线隔离开关双点位置开入；Cable，通过电缆接入母线隔离开关双点位置；No，不接收隔离开关位置开入，电压不切换，默认取 1 母。

2. 智能终端 PCS-222B-I

智能终端 PCS-222B-I 对主变压器的温度进行采集，外部配置六路直流模拟量采集回路，对应内部"B06 模拟量模拟量 1～6 采集类型"，根据现场主变压器温度模拟信号类型，可选择"4～20mA""0～5V""TV100"三种直流模拟信号，装置默认"4～20mA"。

12.2.2.2 遥信参数

调试机通过使用 PCS-PC 软件连接 PCS-221GB-G，通过虚拟液晶 LCD，在"参数定值"菜单下，"双位置××防抖时间""开入××防抖时限"，对现场实际使用到的遥信开入设置遥信滤除抖动时间，一般设置 5～1000ms，设置原则同测控装置。

12.2.2.3 遥控参数

智能终端 PCS-221GB-G 的遥控相关参数设置需要依据现场实际回路接线方式，本工程实际接线方式为：断路器遥分、手跳通过保护跳闸接点［1401-1402］、［1401-1403］、［1401-1404］出口；断路器遥合、手合通过保护合闸接点［1405-1406］、［1405-1408］、［1405-1410］出口。因此，"参数定值"菜单中，"断路器遥控回路独立使能"置"0"，虚端子中定义的"备用 1 控分""备用 1 控合"GOOSE 输入命令有效，对应的遥控输出接点分别为［1207-1208］、［1209-1210］，同时断路器分合接点才能正确出口。

12.2.2.4 对时参数

PCS-222B-I 和 PCS-221GB-G 对时参数相同，都在"装置参数"下进行核对，"外部时钟源模式"应为"IRIGB"，"时区"为"8"。另外，PCS-221GB-G 中"同步告警使能"应设"YES"，以判断时钟源是否正常。

12.3 交换机网络配置

智能变电站简化了二次回路，遥控、遥测、遥信等功能的正常实现直接取决于虚端子正确连接和网络的正确配置。本工程实际受限于场地，为简化配置，将过程层网络与站控层网络通过组网方式接在同一个交换机上，该交换机具备光纤接口和以太网接口。

组网方式下，掌握交换机配置参数中存在的故障点，能够针对异常现象进行分析，主要包括交换机端口配置、VLAN（虚拟局域网）、端口镜像。

12.3.1 交换机端口配置

通过对交换机的端口使能、协商模式、工作模式（全双工/半双工）及传输速率等参数进行分析，完成交换机的端口配置核查工作。

南瑞继保交换机 PCS-9882，通过浏览器登录交换机：①从前面板调试网口登陆时，出厂缺省 IP 为"192.169.0.82"；②从后面任一网口登陆时，需要保证该交换机后面板网口 IP 与同一物理网上其他交换机后面板网口 IP 不冲突，出厂缺省 IP 为"192.168.0.82"。用户名和密码均为"admin"。在每次修改参数点击"Activate"执行修改的同时，交换机即时保存。左侧菜单列表中，选择"Basic Settings"→"Port"→"Port Settings"，进行端口设置：

Enable：使能，选中打钩为使用，否则为禁用。

Mode：工作在光口或电口模式，RJ45 为电口模式；FIBER 为光口模式。

AutoNeg：是否为自动协商工作模式选择，ON 是自动协商工作模式；OFF 是强制工作模式。

Speed：传输速率，100M、10M 可选。

FullDuplex：是否全双工模式，TRUE 为全双工，FALSE 为半双工。

ForceTxRx：端口强制收发设置，TRUE 为强制端口进行收发，FALSE 为不进行强制收发。

端口工作在光口模式，AutoNeg 和 Speed 不可设置，FullDuplex 以及 ForceTxRx 可设，一般为全双工，不进行强制收发。

端口工作在电口模式，自动协商工作模式若为自动，其余参数不可设置；若为强制工作模式，Speed、FullDuplex 可进行设置。其中 G 开头的端口为千兆端口，其余为百兆端口。如图 12-11 所示。

图 12-11　交换机 PCS-9882 端口设置

12.3.2　VLAN 划分

VLAN 全称 Virtual Local Area Network（虚拟局域网），通过交换机的 VLAN 功能可以将局域网设备从逻辑上划分成一个个网段（或者说是更小的局域网），从而实现虚拟工作组的数据交换技术。通过 VLAN 还可以防止局域网产生广播效应，加强网段之间的管理和安全性。

智能变电站中交换机 VLAN 配置的必要性主要有以下两点：①有效隔离网络流量，减轻交换机和装置的负载；②限制每个端口只收所需报文，避免无关信号干扰。

VLAN 划分方式有基于端口、基于 IP、基于 MAC 地址等多种方式，由于智能变电站划分 VLAN 目的在于对多播数据的管理，且智能变电站内目前的 GOOSE 和 SV 数据不带 IP 地址，所以目前广泛采用基于端口的 VLAN 划分原则。通过 VLAN 将一个网络划分成多个逻辑网络，一方面减轻交换机和装置的负担，另一方面达到控制数据流向的目的。

排查 VLAN 划分的正确性，根据各 IED 数据流向，首先确定全站 PVID（Port-base VLAN ID，基于端口的 VLAN ID 号，进入该端口的报文如果没有打 VLAN ID 就按 PVID 的值打上）；其次分析各 IED 的 VLAN ID 划分是否完备或错误；还要检查交换机端口的 PVID 与 SCD 通信参数中已配置的 VLAN 号是否一致。

南瑞继保实操平台，交换机配置要求如表 12-1 所示，其中均为十六进制数，以此为依据进行交换机 VLAN 划分。

登录交换机，在"Virtual LAN"中，首先设置端口的 PVID，点击"PVID Settings"，设置端口 PVID，需要注意的是，交换机中均为十进制，需要将 VLAN 信息表的十六进制数进行转换，设置完成后点击"Activate"，如图 12-12 所示。

表 12-1 　　　　　　　　　　　　　交换机 VLAN 信息表

端口编号	功能描述	PVID	VLAN
端口 10	智能终端组网	3H	3H
端口 11	合并单元组网	30H	30H
端口 12	测控组网	3H	3H，30H

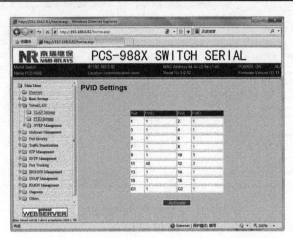

图 12-12　交换机 PCS-9882 PVID 设置

接着划分各端口 VLAN，在"VLAN Settings"中，"Table Select"栏中选择默认"VLAN_Port_Table"，"Add New VLAN"下，"VLAN ID"一栏，选择 VLAN 号，并在"Port-BitMap"选项中选中要属于该 VLAN 号的端口，点击"Activate"，完成设置，如图 12-13 所示。

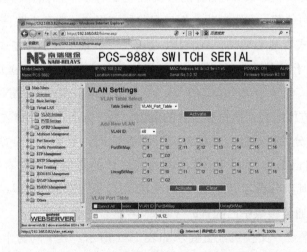

图 12-13　交换机 PCS-9882 VLAN 划分

12.3.3　端口镜像配置

端口镜像（Port Mirroring）把交换机一个或多个端口的数据镜像到一个或多个端口，再利用网络分析软件进行抓包，解析过程层和站控层网络通信报文，为分析排查异常和故障提供依据。由于过程层 SV 和 GOOSE 为组播，使用的端口不需进行端口镜像，只需将镜像目的端口划分到其 VLAN 中即可。作为镜像目的端口，不能再作为普通端口进行使用。

南瑞继保实操平台，测控装置、监控后台、数据通信网关机分别连接交换机端口 5、6、7，通过端口镜像，镜像到端口 2。"Diagnosis" → "Mirror Settings"，"Mirror Mode" 一栏选 "L2"，开启镜像功能；"MPortbitmap" 选端口 2，镜像目的端口；"IngressBit-Map" 端口输入和 "EgressBitMap" 端口输出都选择端口 5、6、7；配置完成点击 "Activate"，如图 12-14 所示。

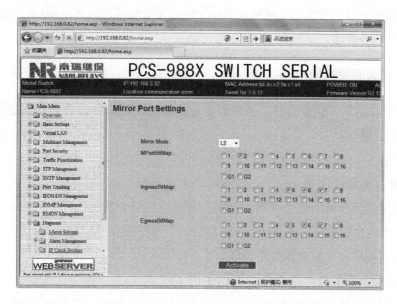

图 12-14　交换机 PCS-9882 端口镜像配置

第13章 具体工作实例

本章结合智能变电站现场工作实际，类似于综自变电站工作实例讲解，从变电站内间隔通信中断、遥信和遥测故障、遥控故障、对时故障、与调度通信故障五个主要方面的具体实例进行讲解介绍，因智能变电站与综自变电站交采校验思路方法相同，仅测试检定工具不同，在此不再赘述。

13.1 站内间隔通信中断

实例：某110kV智能变电站，监控后台主机画面不刷新，且告警实时窗口无任何装置有效变位或告警信息。

处理方法：

（1）监控主机网线网卡。

1）检查监控后台机网线是否插对网卡。桌面空白处，右键选择 console，输入 ifconfig 命令，查看后台机各网口 IP 地址，确认监控后台机使用的网卡。

2）检查监控后台机网线插头是否虚接。

（2）间隔层装置检查。

1）检查网线连接是否虚接。在监控后台执行 PING 命令，若无法 PING 通，检查间隔层装置网口连接，若连接正常，查看参数设置。

2）检测测控装置 IP 地址，若正确，检查 IEDname 与后台监控系统数据库内是否相同，若不同，则通过测控装置液晶面板修改，或重新下装 cid 模型。

（3）监控后台机检查。

1）网卡 IP 地址与监控后台 etc/hosts 不同。右键→切换为 su 用户，输入密码123456，输入 setup，修改 IP 地址，点击保存。

2）61850进程未启动。sm_console 中，选中 fe 进程，选择值班机 scada1，将 fe_server61850 由人工禁止改为启动。

3）数据库 pcsdebdef 菜单包括操作，报告控制块设置 BRCB/URCB 中报告触发条件设置不正确。按需设置，通常为周期/总召/变化上送。

4）pcs9700/deployment/etc/fe/inst.ini 文件内报告实例号与远动装置相同，造成冲。监控后台机 inst 下默认 scada1 实例号为 1，修改后台机或远动机实例号保证不冲突。

（4）SCD 文件检查。SCD 中无测控 S1 访问点，修改 SCD 文件，并下装。

13.2 遥信和遥测故障

实例1：某110kV智能变电站，某110kV线路断路器变位后，监控后台主机画面显示不变。

处理方法：

（1）监控后台机检查。

1）数据库遥信设置封锁或位置取反。数据库该断路器位置信号下的允许标记设置正确，保存，发布。

2）画面关联定义错误。检查画面该断路器位置关联，关联正确，保存，发布。

3）人工置数。检查监控画面，取消实时画面人工置数。

4）跳闸判别点未设置。数据库一次设备下的跳闸判别点关联重新设置正确。

5）厂站处理允许被取消。检查并正确设置厂站处理表计中的选项。

6）光字牌定义"1""0"颜色一致。icon修改光字牌图元的属性。

（2）装置侧及SCD文件检查。

1）智能终端检修压板投入。信号不上送，将检修压板退出。

2）测控装置GOOSE接收软压板未投入。检查该软压板，并投入，若未投入，后台无测控装置接收过程层装置断链告警信号。

3）SCD虚端子连接错误。检查测控装置该断路器位置信号虚端子连接，改正并重新下装测控装置cid。

（3）智能终端背板至端子排接线检查。测量检查智能终端遥信正、负电源内外侧端子排接线及电压是否正确，检查智能终端背板接触是否良好，电源是否正常。

实例2：某110kV智能变电站，110kV南母母线电压监控后台系统监控显示与实际不符。

处理方法：

（1）电压回路检查。检查方法同综自变电站，在此不再赘述。

（2）装置侧及SCD文件检查。

1）合并单元电压一、二次参数设置不正确。通过PCS-PC软件连接合并单元，在模拟液晶屏下，核对修改电压一、二次参数。

2）合并单元电压级联规约设置错误。合并单元级联规约参数设为"0"，代表交流头常规采样。

3）SCD虚端子连接错误。检查核对虚端子与实际接线对应关系，修改SCD中测控装置接收合并单元该南母母线电压虚端子，下装测控装置cid。

4）测控装置设置检查。测控装置零漂抑制门槛过高，超过实际电压值，导致电压值未上送；测控装置极性设置有误，应设为"正"。

（3）后台监控系统设置检查。

1）厂站属性处理允许被取消。正确设置厂站处理标记中的选项。

2）遥测允许标记处理允许被取消。检查数据库中该遥测下的允许标记正确设置，保存并发布。

3）数据库遥测残差过大或变化死区设置过大。数据库遥测残差设为"0"，遥测死区按要求设置为 0.2％或 0.5％额定值。

4）后台设置为人工置数。取消人工置数。

5）数据库遥测系数非 1 或校正系数非 0。检查并将数据库中遥测系数设为 1、校正系数设为 0，保存并发布。

6）遥测画面关联错误。检查后台监控画面中遥测关联，保存并发布。

13.3　遥控故障

实例：某 110kV 智能变电站，某 110kV 线路断路器，监控后台无法遥控操作。

处理方法：

（1）遥控出口回路检查。检查方法同综自变电站，在此不再赘述。

（2）装置侧及 SCD 文件检查。

1）测控装置检查：①测控装置检修压板及"远方/就地"把手检查：测控装置检修压板若投入或"远方/就地"把手置就地，则无法遥控操作；②测控装置出口使能软压板未投入，导致出口失败；③遥控脉宽时间设置过短，导致出口继电器没有足够时间动作，应根据现场实际进行整定。

2）智能终端检查：①智能终端检修压板投入、遥控功能压板未投入、"远方/就地"把手非远方状态，均会造成无法遥控；②断路器遥控回路独立使能为 1，根据智能终端遥控参数配置，"断路器遥控回路独立使能"置"0"，虚端子中定义的"备用 1 控分""备用 1 控合"GOOSE 输入命令有效，对应的遥控输出接点分别为 [1207-1208]、[1209-1210]，同时断路器分合接点才能正确出口。

3）SCD 内遥控虚端子连线错误。检查智能终端断路器虚端子接收测控装置虚端子情况，修改正确，下装智能终端 cid。

（3）同期参数检查。

1）测控装置 SV 接收软压板未投入，导致 U_x 不参与同期判断。

2）测控装置同期参数设置不合理。根据同期条件，设置测控装置中同期相别、U_x 相线选择、压差、角度等参数。

3）合并单元检修压板投入，不再向测控装置发送遥测值，造成同期失败。

4）合并单元一、二次侧电压整定，根据现场情况进行相、线电压值整定。

5）合并单元对时异常，导致同期合闸失败。

6）TV 断线闭锁同期合闸，恢复电压。

（4）后台监控系统设置检查。

1）厂站属性遥控允许取消，造成后台机无法遥控。

2）厂站属性增加控制闭锁点。检查遥控闭锁点是否正确，或取消闭锁。

3）监控后台设置间隔挂牌，造成无法遥控，遥控操作时应取消挂牌。

4）分画面禁止遥控。后台监控设置了分画面禁止遥控，应取消。

5）数据库遥信属性遥控允许被取消，造成无法遥控操作，应设置遥信处理允许。

6）数据库遥控关联异常。检查遥控关联是否正确。

7）后台操作用户未开放遥控权限。检查操作用户权限，或更换操作用户。

8）后台"五防"逻辑闭锁。检查"五防"闭锁的逻辑，修改正确或实际满足操作逻辑。

9）后台测控装置断路器遥控控制方式未设置正确。应根据需要正确设置"同期/无压/不检"。

10）遥控调度编号不匹配。检查数据库断路器遥控调度编号，设为相同。

13.4 对时故障

实例：某 110kV 智能变电站，某 110kV 线路间隔，测控装置显示对时异常。

处理方法：

（1）测控装置对时方式设置与实际不符。测控装置中，"外部时钟源模式"参数选为"0"，硬对时；"1"对应于软对时，此时需要设置"SNTP 服务器地址"，为接收对时源的 IP 地址；"2"对应扩展板对时，当测控装置装有扩展板且由扩展板接收同步时钟信号时，须设置；"3"为不对时。

（2）电 IRIG-B 码对时线交叉、错接。该测控装置采用电 IRIG-B 码对时，检查对时线"＋""－"电压是否正常，以及根据图纸，检查对时线"＋""－"是否有交叉。

13.5 与调度通信故障

实例：某 110kV 智能变电站，调度监控发现该变电站全站通信发生中断。

处理方法：

（1）远动装置对上（调度端）104 网线插错网卡或者存在虚连接。根据远动装置网口配置情况，将网线插头恢复至相应网口；检查网线水晶头连接，排除虚连接情况。

（2）远动装置 104 插件网线，站控层交换机侧存在虚连接。检查网线连接，排除虚连接情况。

（3）远动装置配置问题。

1）远动装置液晶上厂站 IP 地址错误。

2）远动组态内主站前置 IP 地址（调度端地址）设置错误。

3）远动组态内 104 规约模块未启用。

4）104 厂站服务器端口号 2404 设置错误。

通过重新检查设置远动装置参数，保存并下装重启。

（4）104 规约超时时间 T_1 值小于超时时间 T_2。修改 104 可变信息下的 T_1 时间，一般大于 T_2 即可，默认 60s。

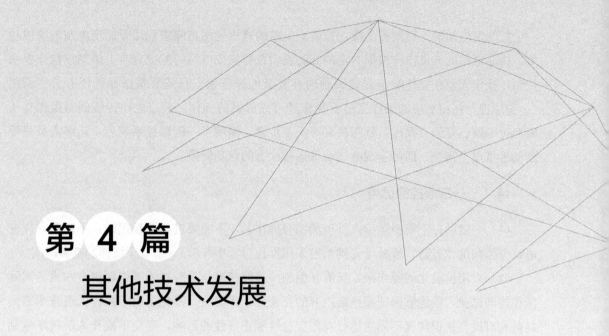

第 **4** 篇
其他技术发展

本篇着重介绍一些变电站自动化新技术，如近年来正在推行的一键顺控、枢纽变电站及大中型电厂配置的相量测量装置（PMU），还有试点建设的智慧型变电站等。

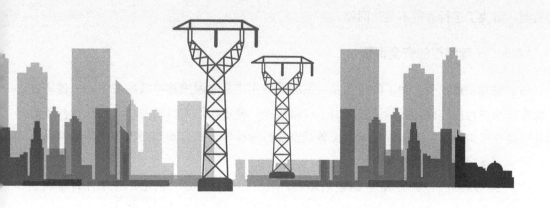

第14章 一 键 顺 控

智能变电站的一键顺控是指，智能变电站的高级应用功能中利用智能变电站的顺控功能，将变电站的常见操作根据一定的五防逻辑在智能变电站的监控后台上编制成操作模块按钮，操作人员在操作时不需要编制内容复杂的操作票，只需要根据操作任务名称调用"一键顺控"按钮对应的操作票进行操作即可完成目的操作。简言之，传统倒闸操作必须要经过唱票、复诵、操作、状态核对等人工步骤，使用了一键顺控系统后，运维人员只要动动手指点击指令，即可实现电气设备运行状态的自动转换。

14.1 一键顺控的优势

（1）一键顺控不需要运行人员现场编写操作票，不需要进行图板模拟，不需要常规变电站操作前的"五防"检验（一键顺控采用操作过程中校验），节省了操作的准备时间。

（2）采用模块化的操作票，只需在编制一键顺控操作票时加强操作票审查和现场实际操作传动试验，就能够保证操作票内容的完善性、正确性，避免了由于操作人员技术素质高低和对设备认识情况不同对运行操作安全性和正确性的影响，避免了操作人员现场编制操作票时可能产生的误操作。

（3）采用监控后台顺序控制，由计算机按照程序自动执行操作票的遥控操作和状态检查，不会出现操作漏项、缺项，操作速度快、效率高，节省了操作时间，降低了操作人员的劳动强度，也提高了变电站操作的自动化水平。

（4）采用"按钮"操作模式，将一键顺控与设备状态可视化系统紧密结合，进一步完善设备状态检查功能，就可以使集控站或调度远方操作成为可能，在一定程度上节约了人力资源，解决了运行人员不足的问题。

14.2 一键顺控的安全保障

（1）设置多重校验。为了防止无关人员的误操作或其他误操作事故的发生，一键顺控系统在每次执行操作前，必须通过双因子权限校验，确定操作人员的身份，在执行任务时需通过操作模拟预演、防误双校验、设备状态双源确认等方式自动判断设备操作条件满足后，才会逐条完成全部操作项目。

（2）通过不同源"双确认"，确定断路器、隔离开关合分是否到位。有条件时可联动视频监控系统，推送当前操作设备监视画面，操作人员可直接查看到设备变位情况。

14.3 相关规范标准

14.3.1 术语及定义

（1）一键顺控：一种操作项目软件预制、操作任务模块式搭建、设备状态自动判别、防误联锁智能校核、操作步骤一键启动、操作过程自动顺序执行的操作模式。

（2）一键顺控操作票：存储在变电站中的用于一键顺控的操作序列，包含操作对象、当前设备态、目标设备态、操作任务名称、操作项目、操作条件、目标状态等内容，在变电站投运前应调试验证通过。

（3）组合票：基于多个一键顺控操作票组合形成的操作票。

（4）双确认：设备远方操作时，至少应有两个非同源指示发生对应变化，且所有这些指示均已发生对应变化，才能确认该设备已操作到位。

（5）主要判据：双确认的多个判断条件中的位置接点、压板状态、当前定值区号判据。

（6）辅助判据：双确认的多个判断条件中，除位置接点、压板状态、当前定值区号之外的判据。

（7）当前设备态：一键顺控操作票中的操作对象在操作之前需要满足的初始状态。

（8）目标设备态：一键顺控操作票中的操作对象在操作之后期望达到的目标状态。

（9）操作条件：一键顺控指令在执行前的必须满足的初始条件，操作条件满足才允许启动指令执行，操作条件不满足禁止指令执行。

（10）目标状态：一键顺控指令全部执行结束后需要满足的预期状态，目标状态全满足表示指令执行成功，目标状态未满足表示指令执行失败。

14.3.2 通用要求

14.3.2.1 操作范围

（1）一键顺控用于一次设备及相关二次设备、辅助电源设备的状态转换操作。

（2）组合式电器，敞开式电器，充气式、固体绝缘断路器柜"运行、热备用、冷备用"三种状态间的转换操作。

（3）空气绝缘断路器柜"运行、热备用"两种状态间的转换操作。

（4）倒母线、主变中性点切换、电源切换操作。

（5）具备遥控功能的交直流电源空气断路器操作。

（6）具备遥控功能的保护软压板投退和定值区切换操作。

14.3.2.2 设备要求

（1）列入一键顺控操作的断路器、隔离断路器应具备遥控操作功能，其位置信号的采集采用双辅助接点遥信。

（2）母线和各间隔宜装设三相电压互感器，不具备三相电压互感器时应增加具备遥信功能的三相带电显示装置。

（3）列入一键顺控操作的交直流电源空气断路器，应具备遥控操作功能。

（4）列入一键顺控操作的保护装置应具备软压板投退、装置复归、定值区切换的遥控操作功能。

（5）二次装置应具备装置故障、异常、控制对象状态等信息反馈功能。

14.3.2.3 双确认要求

1. 断路器

断路器的位置确认应采用"位置遥信＋遥测"判据。

位置遥信采用分/合双位置辅助接点（分相断路器遥信量采用分相位置辅助接点），作为主要判据，其判断逻辑如图 14-1 所示。

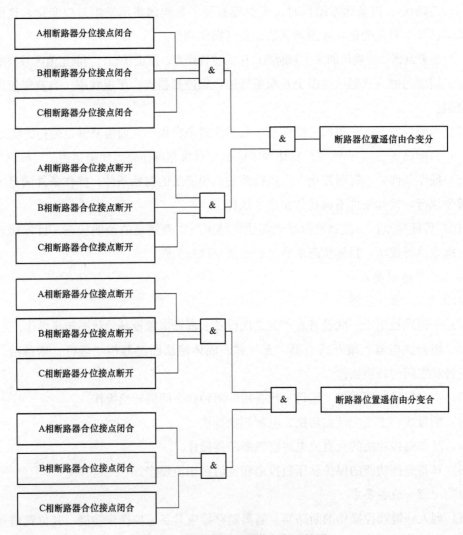

图 14-1　断路器位置遥信判断逻辑图

遥测量可采用三相电流或三相电压，提供辅助判据。三相电流取自本间隔电流互感器，三相电压可取自本间隔电压互感器或母线电压互感器。不具备三相电压互感器时应增加三相带电显示装置。对于无法采用三相电流、三相电压或三相带电显示装置信号的情况，可采用"图像识别"等判别技术提供辅助判据。

断路器位置双确认逻辑如图 14-2 所示。当断路器位置遥信由合位变分位，且满足"三相电流由有流变无流、母线/间隔三相电压由有压变无压、母线/间隔带电显示装置信号由有电变无电、图像识别机械位置指示由合变分"任一条件，则确认断路器已分开。当断路器位置遥信由分位变合位，且满足"三相电流由无流变有流、母线/间隔三相电压由无压变有压、母线/间隔带电显示装置信号由无电变有电、图像识别机械位置指示由分变合"任一条件，则确认断路器已合上。

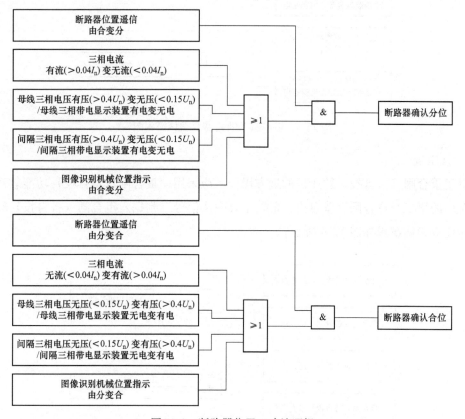

图 14-2　断路器位置双确认逻辑

2. 隔离开关

对于组合电器，充气式、固体绝缘式断路器柜隔离开关的位置确认应采用分/合双位置辅助接点遥信判据（分相隔离开关遥信量采用分相位置辅助接点）。

对于敞开式隔离开关的位置确认宜采用"位置遥信＋非同源遥信"判据。位置遥信采用分/合双位置辅助接点遥信判据（分相隔离开关遥信量采用分相位置辅助接点），作为主要判据；非同源遥信可采用"压力传感""力矩监测""图像识别"等判别技术，提供辅助判据。

3. 电源空气断路器

具备遥控功能的交直流电源空气断路器位置确认应采用"位置遥信+非同源遥信"判据，遥信量采用空气断路器辅助接点，作为主要判据，非同源遥信可采用控制回路断线信号、电压监测等判别技术，提供辅助判据。电源空气断路器位置双确认逻辑如图 14-3 所示。

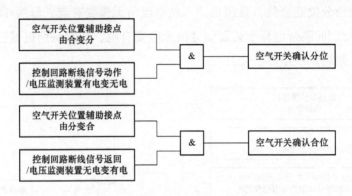

图 14-3 电源空气断路器双确认流程图

4. 软压板

对于重合闸（备自投）软压板的远方操作，应采用"重合闸（备自投）功能软压板状态+对应的第二个重合闸（备自投）充电完成确认信号"判据。重合闸（备自投）软压板远方操作双确认逻辑如图 14-4 所示。

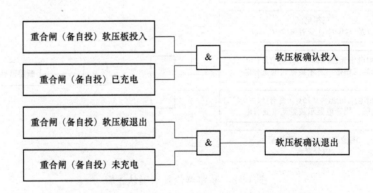

图 14-4 重合闸（备自投）软压板双确认流程图

对于除重合闸、备自投外的功能软压板的远方操作，应采用"保护装置功能软压板状态+对应的第二个功能投入/功能退出确认信号"判据。除重合闸、备自投外的功能软压板远方操作双确认逻辑如图 14-5 所示。

5. 定值区

具备遥控功能的定值区应采用"当前定值区号+当前区定值"判据。定值区切换双确认逻辑如图 14-6 所示。

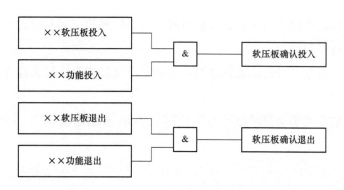

图 14-5 除重合闸、备自投外的功能软压板双确认流程图

图 14-6 定值区双确认流程图

14.4 一键顺控与视频联动

如图 14-7 所示，地调采用一键式顺控操作，首先主站 SCADA 系统下发操作命令，远动机获取相关一次设备源态并切换至目标态，调取后台监控系统相应的操作票并上送至调度，调度审核完成后下发执行命令。

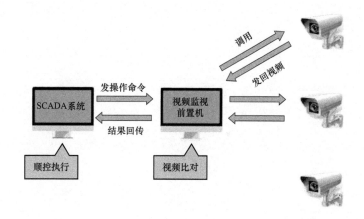

图 14-7 功能架构图

后台监控系统在执行遥控命令的同时，自动将对象信息发送至视频监控系统，视频监控系统驱动相应的摄像头，开启智能分析模式，回传一次设备动作视频，同时自动判断电气设备最终状态，最后将结果回送至监控系统，来作为顺控操作是否继续执行的第二判据，这样确保每一项操作安全准确无误，接下来所有操作依次按照上述流程执行。

（1）在站端或者主站进行顺控遥控执行时，需要向视频智能系统发送操作命令，驱动相应的摄像头进行视频比对；

（2）在站端或者主站进行遥控预置时，需要向视频智能系统发送操作命令，驱动相应的摄像头进行视频比对；

（3）变电站监控系统与视频监控采用 CDT_Vidio 规约通信。

第 15 章　PMU 装置

15.1　WAMS 与 PMU

电网互联产生电网稳定运行问题日益突出，提出构建 WAMS 系统（Wide Area Measurement System），国内大多数将其作为除保护/安控装置外的第三道防线。

广域向量测量系统（WAMS）以相量测量装置（PMU）为基层信息采集单元，由 PMU 提供采集的精确、实时和同步的信息，用于异地高精度同步相量测量，具有高速通信和快速反应的特点。PMU 装置一般用于 500kV 变电站及大中型电厂。

PMU 是 WAMS/WAMAP 系统的基础，可为其提供丰富的数据源：①正常运行的实时监测数据；②小扰动情况下的离线数据记录；③大扰动情况下的录波数据记录。

15.2　PMU 装置的相关概念

（1）相量测量装置（phasor measurement unit，PMU）：用于进行同步相量的测量和输出以及进行动态记录的装置。PMU 的核心特征包括基于标准时钟信号的同步相量测量、失去标准时钟信号的守时能力、PMU 与主站之间能够实时通信并遵循有关通信协议。

（2）数据集中器（data concentrator，DC）：用于站端数据接收和转发的通信装置。能够同时接收多个通道的测量数据，并能实时向多个通道转发测量数据。

（3）子站（substation）：安装在同一发电厂或变电站的相量测量装置和数据集中器的集合。子站可以是单台相量测量装置，也可以由多台相量测量装置和数据集中器构成。一个子站可以同时向多个主站传送测量数据。

（4）主站（main station）：安装在电力系统调度中心，用于接收、管理、存储、分析、告警、决策和转发动态数据的计算机系统。

15.3　PMU 装置的作用

（1）进行快速的故障分析。在 PMU 系统实施以前，对广域范围内的故障事故分析，由于不同地区的时标问题，进行故障分析时，迅速地寻找故障点分析事故原因比较困难，需要投入较大的人力物力。通过 PMU 实时记录的带有精确时标的波形数据对事故的分析提供有力的保障。同时通过其实时信息，可实现在线判断电网中发生的各种故障以及复杂故障的起源和发展过程，辅助调度员处理故障；给出引起大量报警的根本原因，实现智能告警。

（2）捕捉电网的低频振荡。电网的低频振荡的捕捉是 PMU 装置的一个重要功能。通过传统的 SCADA 系统分析低频振荡，由于其数据通信的刷新速度为秒级，不能够很可靠的判断出系统的振荡情况。基于 PMU 高速实时通信（每秒可高达 100Hz 数据）可较快地获取系统运行信息。

（3）实时测量发电机功角信息。发电机功角是发电机转子内电势与定子端电压或电网参考点母线电压正序相量之间的夹角，是表征电力系统安全稳定运行的重要状态变量之一，是电网扰动、振荡和失稳轨迹的重要记录数据。

（4）分析发电机组的动态特性及安全裕度分析。通过 PMU 装置高速采集的发电机组励磁电压、励磁电流、气门开度信号、AGC 控制信号、PSS 控制信号等，可分析出发电机组的动态调频特性，进行发电机的安全裕度分析，为分析发电机的动态过程提供依据。监测发电机进相、欠励、过励等运行工况，异常时报警。绘制发电机运行极限图，根据实时测量数据确定发电机的运行点，实时计算发电机运行裕度，在异常运行时告警。

15.4　PMU 装置的功能

15.4.1　同步向量测量

（1）测量线路三相电压、三相电流、断路器量，计算获得：

1）A 相电压同步相量 U_a/Φ_{ua}。

2）B 相电压同步相量 U_b/Φ_{ub}。

3）C 相电压同步相量 U_c/Φ_{uc}。

4）正序电压同步相量 U_1/Φ_{u1}。

5）A 相电流同步相量 I_a/Φ_{ia}。

6）B 相电流同步相量 I_b/Φ_{ib}。

7）C 相电流同步相量 I_c/Φ_{ic}。

8）正序电流同步相量 I_1/Φ_{i1}。

9）断路器量。

（2）测量发电机机端三相电压、三相电流、断路器量、转轴键相信号、励磁信号、气门开度信号、AGC、AVC、PSS 等信号。

1）机端 A 相电压同步相量 U_a/Φ_{ua}。

2）机端 B 相电压同步相量 U_b/Φ_{ub}。

3）机端 C 相电压同步相量 U_c/Φ_{uc}。

4）机端正序电压同步相量 U_1/Φ_{u1}。

5）机端 A 相电流同步相量 I_a/Φ_{ia}。

6）机端 B 相电流同步相量 I_b/Φ_{ib}。

7）机端 C 相电流同步相量 I_c/Φ_{ic}。

8）机端正序电流同步相量 I_1/Φ_{i1}。

9）内电势同步相量 $\varepsilon/\Phi(\varepsilon)$。

10）发电机功角 δ。

11）断路器量。

（3）同步测量励磁电流/励磁电压，用于分析机组的励磁特性。

（4）同步 AGC 控制信号，用于分析 AGC 控制响应特性。

（5）获取高精度的时间信号。

15.4.2 同步相量数据传输

根据通信规约将同步相量数据传输到主站，传输的通道根据实际情况而定，如 2M/10M/100M/64K/Modem 等，传输通信链路一般采用 TCP/IP。

15.4.3 就地数据管理及显示

装置的参数通过设备自带小屏进行当地整定；装置的测量数据也可以在当地功能计算机界面上显示出来。

15.4.4 扰动数据记录

（1）具备暂态录波功能。用于记录瞬时采样的数据的输出格式符合 ANSI/IEEE PC37.111-1991（COMTRADE）的要求。

（2）具有全域启动命令的发送和接收，以记录特定的系统扰动数据。

（3）可以以 IEC 60870-5-103 或 FTP 的方式和主站交换定值及故障数据。

15.4.5 与当地监控系统交换数据

装置提供通信接口用于和励磁系统、AGC 系统、电厂监控系统等进行数据交换。

15.4.6 数据存储

装置一般存储 14 天暂态录波数据和实时同步相量数据。

15.4.7 PMU 装置的巡视

以南瑞科技的 SMU 型为例。如图 15-1 所示。

SMU型同步相量测量装置巡视说明

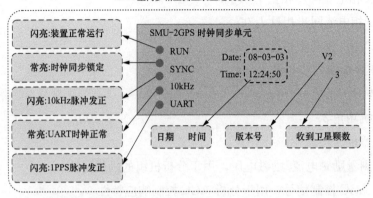

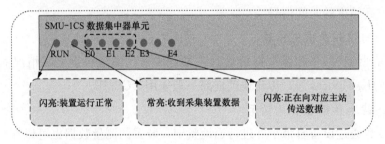

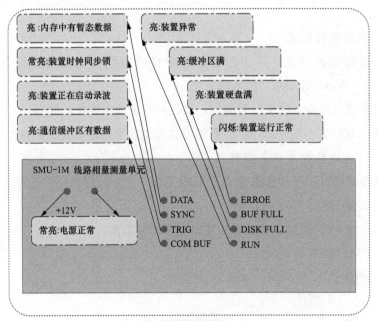

(a) PMU装置的巡视一

图 15-1　PMU 装置的巡视（一）

SMU型同步相量测量装置巡视说明

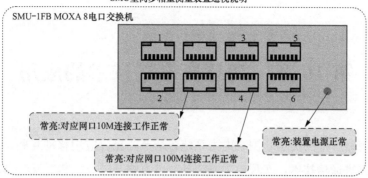

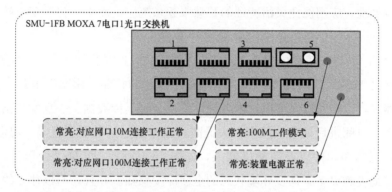

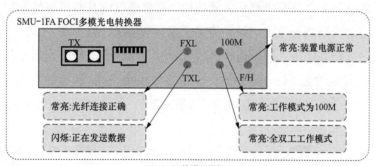

(b) PMU装置的巡视二

图 15-1　PMU 装置的巡视（二）

第 16 章　智慧变电站技术的应用

随着国家战略目标的提出，围绕电力系统各环节，充分应用移动互联、人工智能等现代信息技术、先进通信技术，实现电力系统各环节万物互联、人机交互，具有状态全面感知、信息高效处理、应用便捷灵活特征的智慧服务系统应运而生。智能变电站将向智慧变电站迈进。

2019 年 4 月 26 日，随着智能感知元件、无线专网、边缘物联代理等设施的全面使用，江苏南京溧水区 110kV 南门变电站成为全国首个投运的智能全感知变电站。变电站有了物联网传感器，可以随时监测变电站内各种设备，及时上传数据。一旦发现出现问题，运检人员便能第一时间进行处理。效率大大提高。这个变电站部署了视频、温湿度、局放、振动等多套智能感知元件以及巡检机器人，如图 16-1 所示，实现了变压器、组合电器、断路器柜及辅助设施设备本体及环境状态的全面深度感知。并且，与以往在线监测设备相比，这座站内的感知元件具有小型化、低功耗、高集成度以及高可靠性的特点。巡检机器人，它按照预定的周期绕场巡查，如果传感发现异常情况，就会第一时间发出预警，工作人员也就能及时知晓并作出处理。巡检机器人、红外摄像头、套管介损监测、无线温度监测、局放监测、蓄电池监测……一个个智能感知设备遍布于变电站内，仿佛 24 小时 on call 的"贴身医生"，监测着变电站的"五脏六腑"，第一时间守护变电站的安全。

图 16-1　智慧机器人巡检

2019 年 7 月，上海浦东张江区域的 35kV 蔡伦变电站完成最后一台主变压器投运，上海首个基于泛在电力物联网技术改造的 35kV 变电站顺利送电。采用了 25 类传感技术，能够对电网运行情况、设备运行状态、设备外观状态及环境运维情况进行全维度、全天候监测，给运维人员带来了极大的便利。为了避免数据误传、漏传，浦东首创"环形验证机制"，使各个数据进行交叉验证，大幅提升设备状态评价和缺陷认定的准确性。研发了"数字镜像评价系统"，利用这些实时感知数据及海量历史数据，构建设备全息三维"数字镜像"模型，开展设备健康状态在线诊断，主动推送设备异常报警和设备健康体检报告，真正做到根据设备健康状态个性化定制检修策略，让设备会"说话"，变电站会"思考"。

　　2019 年 7 月 18 日，浙江 110kV 袁花变"变电站设备状态感知试点项目"通过验收。应用了先进的宽频域传感器、多维度状态量综合监测、边缘计算、低功耗无线微网、安全接入边缘代理等技术，研发了一套由智能传感层、多维度状态感知层、综合应用网络层构建的电力物联网变电站方案，最终实现泛在感知、设备画像、专业巡视、台账信息、精准评价、交互式诊断等物联特征功能。

　　变电站自动化逐渐迈入智慧型时代！